NF文庫
ノンフィクション

戦車対戦車

最強の陸戦兵器の分析とその戦いぶり

三野正洋

潮書房光人新社

まえがき

筆者は地方の都市で生まれ育った。自宅の近くに大きな神社の森があって、カブトムシ採りに夢中になった。この黒く大型の昆虫（Beetle）への興味は、筆者の成長につれて大きくなっていったが、その対象はいつの間にか戦闘車輌（Vehicle）へと変化していく。そう言えばビートルとビークルと発音までなにか似ているような気もしないでもない。

戦闘用の車輌の中核をなすのは、当然〝戦車〟である。そして過去に遡るまでもなく、黒く輝く鋼鉄の肌、長く突き出した戦車砲、半球型のターレットを載せた車体など、戦車は間違いなくカブト虫の成長した子孫といえる。

また今でこそテレビゲームが子供たちの心をしっかりととらえているが、我々の頃の遊びは野外（今の言葉で言えばOut doorか）で行なわれ、そのひとつに、つかまえてきた小動物（主として蜘蛛《くも》）を闘わせるものがあった。

この「どちらが強いか」ということに対する興味は、それがある場合にはスポーツに、ある場合には動物の闘争に向けられる。

戦車についても全く同様で、他の航空機（特に戦闘機）、艦艇（戦艦）などと共にどちらが、あるいはどれが一番強いか、という知的関心を打ち消すことはできないのである。

この〝強さ〟への興味をなんとか文章と写真によって表わせないかと考え、本書を執筆した。

戦うために造られたビークル、つまり戦車について、それが初めて実戦に登場した第一次大戦から湾岸戦争までを振り返り、個々の性能から運用方法、そして実戦における活躍ぶりまで、満遍なく見渡していきたい。

それによって鉄の塊である戦車という無機物を、肉食獣に近い血の通った動物にまで変身させ得るかも知れないのである。

戦車は誕生してから南極、北極以外の大陸で使われ、それに適応する形で発達してきた。また兵器として見た場合には、設計、製造してきた国の国民性をかなり明確に示しているように思える。

けれども、そのような〝文化論〟的なことより、結局のところ我々が〝戦う車〟に魅せられるのは、力強さのシンボルであるからに違いない。

灼熱の砂漠に身を潜めて敵を待ち構えるセンチュリオン（古代ローマの百人隊長）、ヨーロッパの黒い森を駆けるレオパルド（豹）、熱帯のジャングルの中を突き進むM41ウォーカーブルドッグ、そしてロシアの深い雪を蹴立てるT62。

いずれも数百馬力という強力なエンジンを装備し、大型トラック数台分の重量、長く強大な牙、分厚く、そして鈍く輝く鋼鉄の皮膚をもつ肉食獣たちである。

全く〝美〟を意識せずに造られた鋼鉄の獣が、これほど美しく見えるのは、それ自身が内に秘める力を滲《にじ》み出させているからかも知れない。

この美しさこそ、美術館に展示されている多くの刀剣、甲冑、いや日本各地に残る城郭の醸し出すものと、全く同一なのではあるまいか。

戦車対戦車——目次

第2部　第二次大戦終了後の戦車

戦車対戦車

最強の陸戦兵器の分析とその戦いぶり

第1部

第二次大戦終了までの戦車

戦車の定義と三要素

戦車の定義

戦車は英語で言えばTankである。水、ガス、油類を入れるタンクと全く同じ綴《つづ》りで、これは世界で初めて戦車を開発したイギリスが、秘密を守るため〝水のタンク〟を造っていると言ってカムフラージュしたことからきている。

同じような言葉として、AFV（Armored Fighting Vehicle 装甲戦闘車輌）という言い方があり、これは装甲Armorを持った車輌の意味で、装甲車（Armored Car）も含まれる。

なお装甲、鎧《よろい》を表わす英語のスペリングは、ArmorとArmourの両方が使われている。

ところで戦車の定義としては、

(1)キャタピラのみで動く

(2)小さくとも口径三七ミリ以上の砲を持つ
(3)車体に装甲がなされている
(4)密閉された砲塔（Turret）を持つ
(5)砲塔は三六〇度回転式である

といったところであろうか。

戦車にも当然大小があり、実用化された車輛をみた場合、重量は五トンから七〇トンまでと幅が広い。

一九六〇年頃まで、軽戦車（Light Tank）、中戦車（Medium Tank）、重戦車（Heavy Tank）というような分類がなされていた。しかしその後、軽・重戦車がなくなり、偵察戦車、主戦闘戦車（あるいは主力戦車）となる。

主戦闘戦車とは―Main Battle Tank―の略で、その頭文字をとってMBTと呼ばれる。

アメリカのM1エイブラムズ
日本の90式
イギリスのチャレンジャー
ドイツのレオパルドⅡ
ソ連のT72
フランスのAMX－30～32
韓国の88式（K1）

などはすべてMBTである。

本書の中でもAFV、MBTといった略号は何回となく登場するので、ぜひ覚えておいていただきたい。

戦車の三要素

戦車は兵器であり、戦いの道具である。このため強く、頑丈で、扱い易くなければならない。また製造が簡単で、価格が安い必要がある。しかしそれ以前に、素早く移動し、敵を撃破し、生き残る能力が要求される。この能力を次の三つに分けて、戦車の優秀性を示す指標とするのである。これは戦車の三要素と言われ、

A…攻撃力（主砲の威力）

B…機動力（運動性能）

C…防御力（生存性）

となる。

それでは、これらを項目別に見ていくことにしよう。A、B、Cのいずれの能力が劣っていても、それは優れた戦車とは言えないからである。

また言い換えれば、この三要素は野球選手にも当てはまる。打率が高く（攻撃力）、足が速く（機動性）、守備がうまい（防御力）選手が〝良い選手〟となるのである。

A…攻撃力

対戦車ミサイルの威力が向上している今日でも、戦車砲はきわめて重要な兵器と言える。一般的に言って、戦車砲の能力は、

○大きくて重い砲弾を撃ち出すための大きな口径
○砲弾の初速度を大きくするための長い砲身

によって決まってしまう。

口径については、最小三七ミリ、最大一二五ミリとなっている。口径の大きい方が威力の大きな砲弾を撃ち出せるのは当然だが、その反面、単位時間当たりの発射回数の低下、携行できる砲弾の数の減少といったマイナス面もある。

したがって口径としては、

第二次大戦時には五〇〜九〇ミリ

大戦後は九〇〜一二五ミリ

が一般的に使用されている。また戦車同士の戦闘においては、砲弾の威力と共に、初速の大きいことが重要となる。

初速（砲弾が砲口から出る時の速度で、砲口速度とも呼ばれる）が大きいほど、射程が長くなり、命中率も向上すると考えてよい。

初速を高めるためには、砲身を長くしなければならず、これを示す数値として〝砲身長〟

という言葉を使う。

これは砲身の長さと口径の比で示され、口径一〇〇ミリの戦車砲で砲身の長さが五メートルであれば、砲身長は五〇となる。単位はなく、いわゆる無次元量である。

この砲身長は、大戦中の戦車を例にとれば、

○最も小さいもの

日本陸軍の八九式戦車

口径五七ミリ、砲身の長さ一・〇五メートル、砲身長一八・四

○最も大きいもの

ドイツ陸軍のV号戦車パンテル

口径七五ミリ、砲身の長さ五・二五メートル、砲身長七〇

であった。

専門用語では、大砲の筒の直径も、砲身の長さも同じように〝口径〟という言葉を使う。

しかし本書では混乱を避けるため、口径を砲身長（比）で統一することにした。

結論として『戦車砲の威力は、重い砲弾を大きな初速で撃ち出す』ことによって定まる。

特に初速の大きいことは絶対的な条件である。固定目標を狙う野砲、榴弾砲といった大砲と違って、敵の戦車は動いているのである。

また物理の法則からみて、砲弾の重量よりも、初速の大きいことが望ましい。なぜなら敵戦車を破壊するために必要な砲弾の運動エネルギーは、

$$E = \frac{1}{2}mv^2$$

で決まってしまう。ただしmは砲弾の質量、vは飛翔する速度である。この数式から、

○砲弾の重量を二倍にしても威力は二倍

○初速を二倍にすれば威力は四倍

となることがわかる。

なお戦車砲弾の初速は、

遅いもので秒速一八〇メートル、時速六五〇キロ。

速いもので〃九〇〇メートル、時速三二〇〇キロ。

である。参考までに次の数値を掲げておく。

人の走る速度、秒速一〇メートル、時速三六キロ。

プロ野球の投手の速球、秒速約四〇メートル、時速一四四キロ。

音の速さ、秒速約三四〇メートル、時速一二二〇キロ。

現在の戦車砲は音の速さの二・五倍で約一〇キログラムの砲弾を撃ち出すことができる。

さて、本書の中では、戦車砲の威力を示すための目安として、「口径×砲身長＝威力数」

という簡易計算式を用いる。

前述の八九式戦車については、

57㎜×18口径＝1026

同じく、ドイツのV号戦車については、

75㎜×70口径＝5250

となる。この簡易式の根拠としては、

○砲弾重量は口径の関数

○初速度は砲身長の関数

として考えている。正確には前述の E＝1/2・mv^2 式を使わなくてはならないが、この簡易式でも経験的にかなり近い値を得ることができる。旧日本陸軍でも「口径×初速度＝砲力」という式を使い、火砲の威力を判定していた。

より正確を期すためには、砲身長の代わりに初速を用いなければならない。しかし初速は砲弾の重量、種類によって変わるので、砲身長の方がわかり易いのである。

実際の砲の威力に関しては、より複雑な計算が必要であろうが、ここでは〝一応の目安〟ということでアマチュア、そしてマニアの方々にもわかり易い数値で示してみた。

攻撃力の他の要素としては、

○発射回数

○照準器の性能

○機器の信頼性

○機器の扱い易さ

○乗員の習熟度
○周辺機器の性能
といった事柄が挙げられよう。しかしこれらは、いずれも数値で表わせるものではない。

なお今後、口径八八ミリ、砲身長56の戦車砲を、八八ミリL56あるいは八八L56と表現する。そしてこの砲の威力を表わす数値として、四九二八を〝威力数〟と記す。

B…機動力

戦闘に当たって一刻も早く射点に付き、また不利な状況にあっては素早く退避する能力は非常に重要である。

もちろん泥濘《でいねい》地や草原といった不整地通過能力、最大速度、加速性能、敏捷性、登坂力も無視できない。

これらの性能の大部分は、次の二つによって決定される。
一、馬力荷重/出力重量比
エンジンの出力一馬力当たり、どれだけの重量を負担するのか。この値が小さいほど運動性に優れていることになる。

この馬力荷重の示す値は、スポーツカー、モーターボート、戦闘機といったものの性能のほとんどを支配するといっても良い。

実際の数値を示すと、

○戦闘重量二〇トン（二〇〇〇〇キロ）の戦車を三五〇馬力のエンジンで動かす。この場合は五七キログラム／馬力となる。

八九式の場合
一三トンで一二〇馬力　一〇八キロ／HP
V号パンテルの場合
四五トンで七〇〇馬力　六四キロ／HP

であるが、ときには馬力荷重の逆数として「出力重量比」も使われる。
これは戦闘重量一トンについて、何馬力まで使えるか、ということである。
この場合、馬力荷重とは逆に数値の多い方が有利となる。

八九式の場合
一二〇馬力で一三トン　九・二HP／トン
V号パンテルの場合
七〇〇馬力で四五トン　一五・六HP／トン

HPはご承知のとおり、馬力（Horse Power）の略号である。本来なら国際単位SIで記述すべきだが、KW単位より馬力の方が一般の読者にはわかり易いと考えた。
馬力荷重と出力重量比のどちらを使ってもいいわけだが、本書では後者を用いる。つまり数値の大きいほど、運動性が良いということである。

二、接地圧

機動力の優劣を左右するもうひとつの要素は、キャタピラの地面に対する圧力（接地圧）である。

戦車が車輪（タイヤ）でなく、キャタピラを使っているのは、不整地通過能力を高めるためであることは誰でも知っている。

この戦車の接地圧力は、左右のキャタピラの接地面積で重量を割れば簡単に求められる。戦車の平均接地圧は五〜一〇トン／㎡である。一般的にドイツの戦車はこの値が大きく、ソ連の戦車は逆に小さい。アメリカ、イギリスはその中間といった値になる。

もちろんこの接地圧の値は小さければ小さいほど良い。この値について人間、自動車と比較してみよう。

人間の場合　一本足で四トン／㎡

　　　　　　二　〃　二　〃

自動車の場合　六〇〜九〇トン／㎡

この数値から自動車が雪道、砂地、泥濘に弱いことがよくわかる。

また接地圧力の低い戦車なら、人間の歩けるようなところであれば、なんとか動けることもわかる。

ところで、なぜソビエト製の戦車の接地圧は低い（小さい）のであろうか。

これはやはり国の道路状況に依存すると考えればよい。建国以来道路の整備が追いつかなかったソビエト／ロシアでは、不整地通過能力が問われ続けたのである。

一方、ドイツは道路事情に恵まれ、これが高い（大きい）接地圧でも不自由しないと考えられた理由ではあるまいか。

機動力についての結論としては『機動力の大部分は、出力重量比と、接地圧力の大小によって簡単に決定される』と断言しても間違いではない。

C…防御力

戦車同士が戦う、いわゆる戦車戦の場合、敵の命中弾の七〇パーセントが砲塔に集中する。車体よりも砲塔が上に突き出ている分だけ、敵の目標になり易いからであろう。また車体の前面も命中弾を受け易い。

このため防御能力の向上をはかって三つの方法が考えられ、その戦車の生存性（攻撃されても生き残り得る能力。Survivability という）を高めてきた。

(1)砲塔をできるだけ小さくすること

これによって全高も低くなり、敵に発見されにくいという長所ともなる。ただし砲塔内部が狭くなってしまい、乗員の操作に不便が生ずる場合も少なくない。

(2)装甲板を厚くすること

第二次大戦中に激しい戦車戦を経験したドイツ、ソ連の戦車の装甲は、だんだんと厚くなり、なんと二〇センチの装甲板も登場した。

たしかに装甲を厚くすれば防御力は増す。しかしその分、重量も増し、車体は大きくなり、強力なエンジンも必要となってくる。

したがって装甲を厚くすることにも限度がある。

装甲板の厚さの目安としては、ほぼ戦車砲の口径と等しい。口径が五〇ミリなら、装甲板の厚さも五〇ミリ前後となる。もちろん車体全部がこのように厚い装甲板に囲まれているわけではなく、砲塔、車体前面だけである。

(3)砲塔、車体前面に傾斜をつけること

できるだけ角（かど）を持った面、垂直な面をなくして、傾斜（丸味といってもよい）をつける。このような敵弾の効果をそらすために傾斜をつけることを〝避弾経始〟と呼ぶ。しかしあまりに専門的な言葉なので、なるべく本書では、これを〝アールをつけた（角をとった）〟あるいは〝傾斜をつけた〟と表現したい。

運動エネルギーを主体とする敵の戦車砲弾に対して、アールをつけた砲塔はきわめて有効と言える。これはだれの目にも明らかであり、その効果は実験してみなくともよくわかる。

この形の砲塔が進化していくと、次第に球体を二つに割った〝半球形〟となっていく。ソ連の戦車T54、T62、T72、アメリカの戦車M48、M60など、まさに卵を二つに割った形の砲塔を持っている。

この形なら敵弾が命中しても、滑ってしまって貫通しないからである。

さて一九八〇年代の初めから全く新しい装甲が登場した。

いくら前述の⑵⑶を取り入れても、それ以上に強力な戦車砲、対戦車ミサイル（ATM：Anti Tank Missile）が出現したからである。

戦車砲の威力は一九六〇年代のそれの二倍となり、またATMは大量の爆薬をぶつけてくる。

これによっていくら装甲板を厚くしても、またアールをつけても、攻撃側が有利になってしまった。

この対策として各種の防御方式（新装甲あるいは複合装甲といわれる）が考えられ、新型戦車に装備される。

それらは、

○装甲板の間にセラミックの板を挟んだもの、また中間に液体を入れたもの

○砲塔の外側に少量の爆薬をつめた箱を取り付け、その爆発力で敵弾の威力を削《そ》ごうとするもの

○車体に鎖（チェーン）をぶらさげて、敵弾をそこで爆発させてしまおうとするもの

などである。またこれまでの設計と根本的に異なるところとして、砲塔は大きくなってもよく、またアールはつけずに、敵弾の威力を物理的に減少させるという思想に基づいている。

この設計思想はイギリス技術陣によって生み出され、旧西側の国々の陸軍はこぞってこれを採用した。

ソ連は取り組みが大幅に遅れ、一九九一年の湾岸戦争では新装甲を装着していないイラク

陸軍のソ連製戦車の欠点が明らかになってしまった。

現用のMBTが新装甲をもっているかどうかという点については、写真を見るだけで一目瞭然である。申し合わせたように砲塔が大きく、角張っていれば、新装甲の戦車といってよい。

しかしそれが具体的にどのような構造であるのか、これはほとんどわからないのである。

各国陸軍の最大の秘密であって、その戦車の乗員でさえ、知らされていないようである。

日本の陸上自衛隊の場合、新装甲を持っている90、10式戦車の内部の撮影は許可していながら、装甲の構造については完全に口をつぐんでいる。


さて戦車の三要素の最後に、本書のすべての戦車に共通する「能力を数値で示すための数式」を説明しておく。

この数式に算入する仕様、性能などは一〇の項目である。

この一〇項目を組み合わせて、まず、
1、攻撃力：A
2、機動力：B
3、防御力：C
を算出する。その後にまたA、B、Cの三つの能力を組み合わせて、
4、攻撃戦闘力：α（アルファ）

5、防御〃：β（ベータ）
6、総合〃：γ（ガンマ）

を算出する。そしてまたγと戦闘重量から生産効果比Rを計算している。

しかし最初から複雑な計算の説明を行なうことは、かえって読者の興味を削ぐと考え、ここでは表と図のみにとどめる。より詳しく知りたい読者は、巻末の説明をお読みいただきたい。

戦車の誕生と第一次大戦

第一次大戦はじまる

人類の歴史はそのまま闘争、戦争の歴史でもある。そうであれば、どのような手段をとっても勝ちたいという欲求をもつのは当然で、そのため兵器はたゆまぬ進歩を遂げてきた。陸上戦闘の画期的な兵器として火砲、機関銃と共に戦車が登場し、戦争の状況を大きく変えた。

エジプト、ギリシャで誕生した二輪馬車を原型とした〝チャリオット〟、中国、朝鮮で多用された四輪戦車〝亀甲車《きっこうしゃ》〟など最初は馬を動力源として用いている。

しかし一九一四年、ヨーロッパにおいて第一次世界大戦が勃発すると、ついに内燃機関を搭載した本格的な戦車が姿を見せる。

それ以前の戦場にはタイヤ（装輪式）付きの装甲自動車が出現してはいたが、不整地での走行能力が低く、あまり活躍していない。

今、流行の四輪駆動車（4WD）を実際に砂地、泥濘地で動かしてみればわかるが、ともかくタイヤに頼っているかぎり踏破性は十分でないことがすぐに確認できる。

人間が楽に歩けるような路面状況でも、自動車は簡単に動けなくなってしまうのである。そこでタイヤに帯状の金属ベルトを巻きつけたキャタピラ（無限軌道。あまりうまい訳ではない）が登場する。

キャタピラとは〝イモ虫〟の意味である。この訳語としては〝履帯《りたい》〟の方が好ましいのだが、もう〝キャタピラ〟は日本でそのまま通用しているようである。

キャタピラを使用する車輌の接地圧力は、ほぼ人間の足のそれと同等になり、かなりの悪路でも走行可能になった。これが戦車というものを誕生させたのであった。

初期の半年間、機動戦闘が主となっていた第一次大戦の陸上戦闘は、間もなく互いの陣地に立てこもって戦う〝陣地戦〟の様相を呈する。塹壕に潜み、鉄条網と機関銃に守られて戦線を確保するのである。

こうなると、攻撃する側は多くの死傷者を覚悟しないかぎり、攻勢には出られない。

この局面をなんとか打開する兵器として、イギリスは〝陸上軍艦〟とも呼ぶべき兵器を開発し、一九一七年七月、西部戦線（イープル市付近）の戦闘に投入する。

登場したのはMk・Ⅳ（マーク・Ⅳ）戦車であったが、この車輌はまさに〝怪物〟というにふさわしいものだった。

重量二八トン、乗員はなんと八名。

全長八メートル、全幅三メートル、全高三メートル。

メイル(雄《おす》)型、六ポンド砲二門、機関銃四梃。

フィーメイル(雌《めす》)型、機関銃六梃。

寸法を知ると、よくこれだけの大きさのものを戦場まで運べたと、まずこの事実に感心する。イギリス陸軍は、イープルの戦場にこの怪物を二〇〇台以上も運び込んだ。

もっとも、いざ攻撃になると、走行速度は人間の歩く速さと変わらず、せいぜい五キロ／時にすぎなかった。

しかしこの新兵器により、ドイツ軍戦線に幅三キロ、深さ一五キロのへこみができたので、戦車の存在価値は敵味方両方に認められた。

車体が大きすぎて敵の野砲の目標になり易いこと、機械的故障が多く行動に支障をきたすこと、不整地通過能力が十分でないこと、といった点も指摘されたが、それでもこの兵器によせる将兵の期待はふくらむばかりであった。

このあと主要な参戦国は同じような大型戦車を開発し、戦線に登場させる。

○フランス

シュナイダー、サン・シャモン型

○ドイツ

シュヴェーラーA7V、A7U型
○イタリア
フィアット・チッポ二〇〇〇型
○アメリカ
マーク・スチーム、ホルトG、E型
などである。

このうちイギリスのマーク・V型とドイツのA7V戦車は、史上初めて戦車戦を行なった。

当時の超大国の国力は強大で、前述の各国は重量二〇ないし四〇トンという大きな戦車を、いずれも一〇〇〇台以上生産した。特にイギリスはマークシリーズとして、I型からIX型まで合計して四〇〇〇台も造ったのである。

しかしここに掲げた戦車は、いずれも明らかに重すぎ、かつ大きすぎる傾向にあった。そのうえ装備している三七～五七ミリ口径の野砲の射撃界（上下左右に発砲できる角度）が小さい、という欠点が問題となった。

また数十トンの重量に対して、エンジンの出力が一〇〇～一五〇馬力なので、絶対的に出力不足、したがって機動性は最低である。

このため、全く反対の立場から新しい戦車の開発が進められた。その開発の目的は、
一、小型軽量、機動性に富むこと
二、射角の大きい火砲を装備すること

マーク・V、A7V

三、少ない乗員で運用可能であって、かつ安価に製造できること
というものであった。

その結果生まれたのが、フランスのルノーFT軽戦車、アメリカのフォード三トン戦車である。特に前者は、現在の戦車の原形といえるほど優れた車輌であった。

重量はマーク・Vの八分の一、寸法は三分の一まで縮小され、初期には一八馬力、後期には三五馬力のエンジンにより、時速二〇キロを出した。

乗員は八名から二名となり、全周射撃可能な回転式砲塔に三七ミリ砲を装備する。装甲板の厚さは一〇〜一三ミリで、当時の大型戦車と同程度の能力を有していた。

一九一七年末から戦線に現われたが、それからの一年間に実に四〇〇〇台が生産される。ルノーFTの総生産台数は外国でのノックダウン（国内で組み立てる方法）分まで含めると、一万六〇〇〇台に達した。

それだけではなく、第二次大戦中はもちろん、一九五〇年代の中東紛争でも、この戦車は某国の陸軍で現役にあった。

一九一四年七月から一八年十一月まで続いた大戦争は、三つの新兵器の存在を世界のすべての国々に認識させた。それらは、
○空における軍用機
○海における潜水艦

ルノーFT、フォード三トン

○陸における戦車

であり、いずれもその後著しい発展を遂げる。そして大国の軍隊はそれらなくしては戦えないという事実を知るのであった。

日本製戦車の開発

ところで、わが国における戦車の開発はどのような経過をたどったのであろうか。

日本のAFV研究は、第一次大戦後まず装甲自動車からはじまっている。しかし日本の自動車産業はまだ一人立ちできる状況ではなく、装甲車などとうてい造れなかった。

結局、国産の装甲自動車は試作までも行き着けぬままで終わり、戦車の研究が優先される。一九一九年、陸軍はフランスからルノーFTを輸入し、この国産化を目指した。けれどもFT型はあまりに小さすぎ、もう少し大型の戦車が要求された。

ルノーの輸入からちょうど一〇年後、三菱重工業が陸軍の協力を得て、一台の戦車を誕生させる。これが日本の本格的戦車の第一号となる〝八九式中戦車〟(八九は皇紀二五八九年・昭和四年の制式化を示す)であった。

この八九式はまさに鎧《よろい》を身にまとった古武士といった外観をもった戦車で、日中戦争における主役となるのである。

主砲は五七ミリの短砲身砲、したがって対戦車戦闘は全く考えられておらず、あくまで歩

八九式中戦車、ルノーNC（日本への輸入車）

兵の支援用であった。

初期にはガソリン・エンジンを搭載していたが、後期にはディーゼルとなって、機械的信頼性は向上している。

ノモンハン事変（次項参照）によって八九式は大損害を受け、新型の九七式（昭和十二年制式化）へと引き継がれる。そして九七式こそ、その性能向上型の一式中戦車と共に、日本陸軍の主力戦車となった。

日中戦争、ノモンハン事変、太平洋戦争の日本軍戦車の八割は、
○八九式中戦車
三人乗り、九トン、五七ミリ砲（砲身長一八）
○九七式（改）、一式中戦車
四人乗り、一五トン、四七ミリ砲（砲身長四八）
○九五式軽戦車
三人乗り、五トン、三七ミリ砲（砲身長三七）
の三種類であり、これらが日本陸軍の機甲戦力を支えていたと言っても過言ではない。戦車の能力から見ると、列強各国から大きく遅れていた。
中国軍を相手としているかぎり、能力不足は表われなかったが、ソ連のBT5／7、アメリカのM3軽、M4中戦車と戦うことになると、徹底的に打ちのめされる。
主力である九七式、一式であっても、アメリカ、ソビエト、ドイツの軽戦車と似たような

性能しかもっていなかった。

しかし見方を変えると、アジアにおいて第二次大戦が終わるまで、自国で戦車を開発できた国は日本以外には存在しない。戦車もまた技術生産品の一つと考えれば、世界に対し、わが国の技術水準の目安を示すものと位置づけることもできるのである。

戦後において、61式、74式、そして現在の主力となっている90、10式戦車の基盤は、八九式によって得られたのであった。

大戦への序曲

〝人類最後の大戦争〟、あるいは〝戦争をなくすための戦争〟と言われた第一次世界大戦が終わって二〇年とたたぬうちに、再びヨーロッパとアジアで硝煙の臭いが漂いはじめた。そしてそれらがいつの間にか世界を包み込んで、より悲惨な第二次世界大戦へと突入するのである。

第一次大戦の終了（一九一八年十一月）から、第二次大戦の勃発（一九三九年九月）までの二一年間に、戦車が投入された次に述べる五つの戦争が発生した。

エチオピア戦争（一九三五年十月〜三六年五月）

ファシストの指導するイタリアが、アフリカの角《つの》と呼ばれた王国エチオピアの併合（完全な植民地化）を狙って仕掛けた戦争である。

満足な兵器も持たぬエチオピア軍に対し、イタリアは戦車、航空機は言うに及ばず、化学兵器（毒ガス）まで使用して全土を占領した。

このイタリア派遣軍三〇〜四〇万名にはCV・L3型戦車一〇〇台以上が随伴し、エチオピアの山岳、平野で小銃、手投げ弾などを武器とするエチオピア軍を蹴散らした。

エチオピア軍は一台の戦車も持たず、そのため戦車戦は発生していない。

約半年かけてイタリアはエチオピアを併合したが、当時の国連（国際連盟）はこれを強く非難し、経済制裁を実施する。それにもかかわらずイタリアは、エチオピアを自国の植民地とすることに成功した。

日中戦争（一九三七年七月〜四五年八月）

一九三七年（昭和十二年）から日本は、中国の全面支配を目的に侵略を開始する。すでに満州（東北部）は日本のものになりつつあったから、次の占領地は天津と上海を結ぶ線の西側一帯であった。

日本軍は五〇万人以上の大軍をもって、この地に攻め入り、中国側の二つの軍事組織、
○右派の蔣介石軍（国民政府軍）
○左派の紅軍（中国共産党軍）
の壊滅をはかった。

このうち国府軍は空軍、機甲部隊を持つ正規軍であったが、紅軍はゲリラを主体とする軍隊である。装備、兵員の質とも日本軍が圧倒的に優れており、太平洋戦争の開戦前までにはぼ目的としていた都市の全部を占領する。

中国側は左派、右派の対立もあって、日本軍によって常に圧倒され続けていた。兵力二〇〇万人に及ぶ国府軍ではあったが装備の点で遅れており、機甲部隊は一個師団（第二〇〇師団）を保有するだけである。この部隊はドイツ製のⅠ、Ⅱ号戦車からなっていたが、これらはいずれも重量一〇トンに満たず、二〇ミリ機関砲のみを持っていた。したがって戦車というよりキャタピラ付きの装甲車といった方が当たっている。

一方、日本軍は五七ミリ砲を装備の八九式中戦車、三七ミリ砲の九五式軽戦車で日中戦争を戦っていた。

このⅠ、Ⅱ号と八九式、九五式が直接戦闘を交えたことはなく、国府軍の戦車は日本軍の歩兵の持つ三七ミリ対戦車砲により、簡単に撃破されてしまっている。そのため中国軍のドイツ製戦車と、日本の国産戦車との対戦車戦は実現しなかった。

日本軍の戦車は歩兵に協力してそれなりの活躍を見せてはいるが、中国軍の対戦車砲（ラインメタル社製三七ミリ砲）によって、少なからぬ損害を出したのも事実である。

スペイン戦争（一九三六年九月〜三九年三月）

イベリア半島の大部分を占めるスペインでは、一九三〇年代初めから右派（軍、教会、大地主、資本家）と左派（軍の一部、労働者、学生）との対立が激化していた。

一九三二、三五年の総選挙においては、左右両派が正確に半分ずつ議席を獲得し、衝突は避けられないものとなる。

左派が人民戦線政府を樹立すると、すぐに陸軍を握るフランコ将軍が反乱を企て二年半にわたる内戦がはじまる。

これが〝スペイン内戦〟である。

○フランコ軍にはドイツ、イタリア

○人民戦線軍にはソ連

が本腰を入れて援助を実施し、また多数の軍人（イタリア五万、ソ連一万、ドイツ五〇〇〇人、いずれも最大時）を送り込んで戦った。

戦車については、

イタリア　L3／35　七・九ミリ機関銃

ドイツI号、II号　二〇ミリ機関砲

ソ連　BT5／7、T26　四七ミリ砲

が供与され、スペインの平原で数十台単位の戦車戦が行なわれた。

特に一九三七年の春、夏には中部のグアダラハラで両軍の戦車が激突した。

L3、Ⅰ号B、Ⅱ号F

機関銃、機関砲しか持っていないフランコ軍の戦車に対して、四七ミリ砲装備のＢＴ型、Ｔ26型は圧倒的な強さを見せた。数の上ではＬ3、Ⅰ号、Ⅱ号の方が多かったが、戦車の能力からみればその差は明らかである。

グアダラハラでは一〇〇台以上のフランコ軍のイタリア製戦車が撃破されたが、ソ連製戦車の損害は二〇台に満たず、勝利は人民戦線軍の手中に収まったのである。

イタリアはもちろん、ドイツでさえＢＴ５／７、Ｔ26に匹敵する戦車を持たず、機甲戦では常に不利を免れなかった。

唯一、ラインメタル社の三七ミリ（のちには四七ミリ）対戦車砲が、ソ連製戦車に太刀打ちできたのである。

スペインにおけるソ連義勇軍の戦車兵は、自国の車輛に絶対的な信頼を持ったに違いない。

しかし一九三八年夏、ソ連は国の方針を変更して、スペイン人民戦線への援助をしだいに縮小し、戦車部隊も次々と母国への撤収を開始した。

これにつれて人民戦線軍の戦力は低下し、それに加えて社会主義者と無政府主義者（アナーキスト）の対立も表面化する。

この年の秋、フランコ軍はエブロ河の戦いで決定的な勝利をおさめ、人民戦線の軍と政府を崩壊に追い込むのであった。

しかしスペイン戦争における機甲戦に関していえば、戦闘の主導権を握ったのは常に人民戦線軍のＢＴ５／７、Ｔ26であり、これが戦車王国ソ連の基礎を作ったと言えるのではあるまいか。

ソ連／フィンランド戦争〝冬戦争〟（一九三九年十一月～四〇年二月）

当時でさえ二億近い人口を持つ超大国ソ連は、人口三五〇万にすぎぬフィンランドを自国のものにすべく、侵略を開始した。

ソ連の目的としては、領土の獲得と共に、バルト海への広い出口を持つこと、隣国に社会主義政権を樹立することなどである。

同時に国内の政治的混乱の責任を、戦争によって転嫁させる目的もあった。

理不尽な大国の申し入れに対して、フィンランドは挙国一致して立ち上がり、ここに〝冬戦争〟が勃発する。

ソ連軍は二〇万人以上の歩兵、数百台の戦車、数百機の航空機をもって森と湖の国へ侵攻するが、時期的には最悪であった。

五万人のフィンランド兵は白い衣服に身を包み、スキーをはいてソ連軍へのゲリラ戦を展開する。雪の森林地帯ということもあって、ソ連軍の機甲部隊の進撃は思うにまかせず、そこをフィンランド軍は鋭く突いてきた。

フィ軍の戦車はイギリス製のヴィッカース六トン、国産のビッケルスが少数あるだけで、それらは温存され、対戦車砲、地雷が主要な兵器である。なぜなら、この二種の戦車は、対戦車戦闘に投入するにはあまりに弱体であった。

一方のソ連はT26、BT7に加えてT28、KV－2などの大型戦車を惜し気もなく大量に投入する。なかには重量三〇トンを超す巨大な多砲塔戦車さえ登場した。

結局、戦争はフィンランド軍の善戦にもかかわらず、五倍近い戦力を注ぎ込んだソ連の勝利に終わる。フィンランドは国土の一二パーセントと、フィンランド湾の二つの港をソ連に引き渡し、講和条約を結ぶのであった。

しかしこの戦争における損害を見ると、ソ連軍のそれはまさに莫大である。兵員の死傷二〇万名、戦闘車輛の損失一六〇〇台、そして航空機の損失五二〇機。これに対してフィンランド軍の損害は兵員二万五〇〇〇名、航空機六〇機にすぎなかった。

当時のソ連ではスターリンによる軍人の粛清が進んでおり、陸軍の内部は混乱を極めていた。そのため歩兵、機甲戦力の投入についてもミスが多く、少数ながら良く訓練されたフィンランド軍によって大きな打撃を受けてしまった。

それでも数倍の戦力をもってすれば、最終的な勝利を握ることができたのである。

この〝冬戦争〟では、戦車戦は全く勃発せず、ソ連戦車対フィンランドの対戦車歩兵部隊の戦いのみであった。そしてそれだけを見た場合、スペインのときとは違って、ソ連軍はその戦いに敗れた。

このソ連／フィンランド戦争を目の当たりに見た北欧の国々は、このあと戦車の国産化および輸入に乗り出すのである。

T28、KV－2

ノモンハン事件（一九三九年七〜九月）

ノモンハン事件（事変）は、一九三九年（昭和十四年）に発生した日本陸軍（満州駐留の関東軍）と、極東ソ連軍（モンゴル人民共和国軍を含む）との間に起こった軍事衝突である。名目的には国境紛争であるが、この地方は大草原の中の湿地帯、小さな河からなっていて、もともと明確な国境線など存在しなかった。

両軍の真意はいずれも局地戦以上を考えておらず、日本側の一部には意識的に兵力を衝突させて、相手の戦力を判定しようとした痕跡も認められる。すでにこのときヨーロッパではドイツが勢力を拡大し、戦火が広がろうとしており、日本も中国との戦争に足をつっこんでいて、大規模な衝突は避けたい状況にあった。

このノモンハン事件は、第一次（一九三九年五月）と第二次（同年七〜九月）の二つの時期に分かれるが、とくに大きな第二次戦にスポットをあてて分析してみよう。

戦闘は七月初旬からはじまり、八月下旬に中止、九月十五日には停戦協定が成立しており、期間としてはほぼ六〇日といった短期間で終了している。

日本側では、ノモンハン事件あるいは事変、という呼び方をしているが、実際は決して〝事件〟などという生易しいものではなく、極めて激しい戦争であった。

とくに日本軍の死傷者二万（ほとんどが戦死者）という数字は、第二次大戦後のインド／

パキスタン戦争、四次にわたる中東戦争などを大きく上まわるものである。これだけの被害をたった六〇日間で生じ、第一線に出動した日本軍はほぼ全滅したといってよい。これに対してソ連側の損害ははっきりとはしないが、日本の六〇～七〇パーセントにすぎなかったと思われる。

そして戦闘の結果についての分析が、ソ連の場合きわめて正確になされたが、日本ではほとんど行なわれず、機甲戦についていえば、太平洋戦争におけるわが国の敗北を予言していたといってよい。

また現在でも、ノモンハン事件から汲みとるべき意味合いは決して小さくはない。

戦局の推移については他に数多くの書物に記載されているので、それらに譲る。結果として、日本陸軍の精鋭・関東軍の大半（戦車兵力の七〇パーセント、大口径砲の五〇パーセント、歩兵の七パーセント）を投入しながら大損害を被ったのである。

この戦いにおける日本側の主力は八九式中戦車である。設計開始は昭和元年（一九二五年）であり、量産は同六年からはじまった。ノモンハン事件のときには、部隊配備から約一〇年を経過している。

八九式は実質的には国産第一号の戦車で、その開発時期からいっても、当然ながら対戦車戦についての考慮が全くなされていない。そして、これは次期中戦車である九七式についても同様である。

八九式、九七式の両車とも、主砲に五七ミリL18を装備しており、この砲はドイツのⅡ号戦車に装備された二センチ砲より装甲貫通力は低いと思われる。これらの五七ミリ砲での装甲貫通力はせいぜい一〇～二〇ミリ程度（装甲板の材質、製造法によって異なるが）であろう。そして相手のBTシリーズ、T26とも二〇ミリ以上の装甲板を有している。

したがって、砲弾が命中しても弱体の部分に当たらないかぎり致命傷は与えられない。撃破できる車輌はBA10装輪装甲車のみであろうが、この装甲車は戦車と同じ四五ミリL46砲を持っている。この砲は日本側の八九中、九五軽、九七中戦車の装甲を簡単に貫通するのである。

ともかく18という砲身長はあまりに短かった。

子供同士の殴り合いならいざ知らず、兵器を使う近代戦闘では技術力の差が明確に表われるのである。数字で検討するかぎり、ソ連軍の戦車は日本のそれより、少なく見積もっても二倍の能力があったと見るべきであろう。

ソ連の場合、社会主義による動きの鈍い政治とは無関係に、軍事技術に関する取り組みは素早い。

第一次ノモンハン事件では、ソ連戦車は日本軍の火炎ビンによる損害を受けたが、第二次ではBT戦車の排気管に金網をかぶせ、ディーゼル・エンジン装備のBT7改を投入して同じ失敗を繰り返さなかった。

ここで、当時のソ連軍総指揮官であり、数年後に〝戦車将軍〟の名を欲しいままにするジ

T26、BA10

ユーコフの政府に宛てたレポートを見るとしよう。第一次、第二次ノモンハン事件から汲みとった日本軍の能力について、

一、日本軍（歩兵）は接近戦ですぐれている。また、頑強で防御戦に強さを発揮する。
二、下級指揮官は能力を十分に発揮している。
三、高級指揮官は積極性がなくて、行動パターンが決まっている。
四、日本軍戦車は旧式で装備は貧弱である。
五、砲兵もまた弱体、あらゆる点でソ連砲兵との差が著しい。

（ジューコフ元帥回想録の要約）

とくに日本戦車の旧式で貧弱という評価は、八九式戦車に対してだけならまだしも、最新鋭の九七式についても当たっている。特に砲力が敵戦車の半分という事実はまさに致命的であった。

数値的に見た場合、八九式、九七式の五七ミリL18砲（威力数一〇二六）に対してBT7、T26戦車、そしてBA10装甲車の主砲は四五ミリL46砲（威力数二〇七〇）と完全に二倍になっていた。

この評価は、われわれが考えても実に適確に的を射ている。そして、日本陸軍はそれらをなんら改革、改良することなく第二次大戦に突入するのである。

ノモンハン事変における両軍の戦力 一九三九年（昭和十四年七月～九月）

	日本軍	ソ連軍
歩兵	三万五〇〇〇名	二万一〇〇〇名
戦車	九五式　三五台	BT7
	八九式　二六台	T26
	九七式　四台	T38
	計六五台	計一六六台
装甲車	なし	BA10など一七〇台
重機関銃	一六〇梃	一四〇梃
対戦車砲	二八門	不明
野砲	一一二門	一八〇門
輸送車輌	約四〇〇台	一六〇〇台

注、日本軍には満州国軍を、ソ連軍にはモンゴル軍を含む。

第二次大戦での戦車戦闘

ドイツ軍のフランス進攻

一九三九年九月一日、約六〇個師団のドイツ軍がポーランドに侵入し、六年にわたる第二次世界大戦が開始された。そして約二週間にしてポーランドという国家は、一時的ながら姿を消すことになる。

続いて一九四〇年五月十日、ドイツは次の目標としてフランスの潰滅をはかるべく、アルデンヌの森を突破し、ベルギー、オランダ、フランス、そしてフランス駐留のイギリス軍に襲いかかった。智将マンシュタインの大胆な作戦計画と機動戦によって、ドイツ軍は戦力的には約二倍の西欧連合軍を打ち破るのである。同年六月四日、在仏イギリス軍はダンケルクより撤退、ひき続いてフランス軍も六月十四日降伏する。

ポーランド戦、フランス・ベルギー戦においてドイツ軍は、新しく強力な戦術〝電撃戦〟を考案し、見事な技術でこれを実行した。

電撃戦とは、簡単に言ってしまえば、砲兵による敵拠点の破壊を航空機が代わって行ない、その間を突いて機甲部隊が高速で敵中に、とくに中心部に突進するという戦術である。そして敵の領土の獲得よりも、敵戦力の撃滅を目指す。この戦術をひと度マスターすれば、陣地戦に頼る側は孤立して有効な反撃は不可能になる。

ドイツのグデーリアンを中心とした若手の機甲部隊指揮官によって誕生した、この画期的な戦車の運用法は、それを考案した者たちをも驚かせるほど効果的であった。

敵中を行く戦車部隊の側面は全くガラあきで、砲兵による援護もない。しかし、それが部隊に機動力を与え、敵に反撃のチャンスを持たせないのである。

この〝フランスでの戦い〟ほど、新しい戦術が効果的であったことは歴史の上でも珍しい。先のポーランド戦においては、本格的な戦車戦は起こらなかった。なぜなら、ポーランド側には近代的な戦車はほとんど存在せず、その陸軍は伝統的な騎兵に重きをおいていたことによる。

それでは、フランスの戦いにおける両軍の戦車を見ていくとしよう。兵力については、連合軍は進攻してくるドイツ軍の二倍の数の戦車を持っていた。また質的にも、機動力こそドイツ戦車が優れているものの、火力、防御力はいずれも英・仏軍の戦車が勝っていた。

この戦線に登場した英、仏、独の戦車の性能を数値的に調べて見ると、R35軽戦車を除けば、他の戦車の攻撃力はほとんど等しい。機動力はその名のごとく、A13巡航戦車が優れているが、フランスの戦車もとくに低い値ではなく、その中間に二種のドイツ戦車が位置する。防御力は連合軍側の戦車が抜群に優れている。

連合軍側の戦車はそれぞれ特徴があり、これに対してドイツのものは性能が平均化していた。実質的な戦闘において高い総合戦闘力を発揮したのは、意外なことにマチルダMk2やシャールBであった。この二種の〝重〟戦車は、その防御力がきわめて大きく、とくにマチルダMk2歩兵戦車は八〇ミリという装甲によって、ドイツ戦車を手こずらせた。Ⅲ号D型の三七ミリL45では全く歯がたたず、あわてて呼び寄せたⅣ号D型の七五ミリL24でも結果は同じであった。

なぜなら、

三七ミリL45砲	威力数	一六六五
七五ミリL24砲	〃	一八〇〇

で、どちらの砲も威力の点では大差はない。これではとても八〇ミリの装甲板を撃ち貫くことなど不可能であった。

他方、ドイツ軍とほぼ同じ威力の主砲を持つイギリス、フランス軍戦車にとって、ドイツ戦車の装甲は一五ミリと三〇ミリであって、貫通は容易である。結局ドイツ軍がこれらの重戦車を退治できたのは、八八ミリ高射砲を対戦車砲として用いるなど、他の手段によって切り抜けたからにほかならない。

A13、シャールB1

Ⅲ号D、Ⅳ号D

またそれ以外の理由としては、機動力が優れていたこと、乗員の技量が優れていたこと、搭載無線機の活用などの戦術能力の優越が、防御力の不足を補ったこともあげられよう。

しかし数においては英、仏に劣り、個々の性能においても決して勝っていなかった戦車を持つドイツ軍が、あれほど圧倒的な勝利をおさめたのは、何といっても戦車を集団で投入して、機動戦を展開するという用兵上のプラスが最大の理由であった。

この短い戦争の結果、潰滅したフランスを除くイギリスとドイツの両国は、それぞれ幾つかの教訓を学びとったが、その代表的なものは次の二つである。

まずイギリスは、装甲が厚く防御力の優れた戦車は、たとえ速力が遅くとも極めて効果的な兵器である、という事実を知った。

一方ドイツは、たとえ戦車の数が敵より少なくとも、機動的な運用を行なえば、大規模な敵戦力に対し勝利を収めることができ、この〝電撃戦〟によって大国をも屈服させ得るという点を学んだ。

次にこれをまとめてみよう。

まずイギリス陸軍の重装甲戦車優先の思想であるが、これは戦後もセンチュリオン、チーフテン、チャレンジャーと続くイギリスの戦車の中に、生き続けているようにみえる。

しかし、北アフリカにおいては、戦場の地形的条件がヨーロッパとは大きく異なっていたので、機動力が貧弱な歩兵戦車は十分な活躍ができなかった。

この点を考えると、フランスにおける一九四〇年の戦いからイギリスの戦車関係者の学んだ教訓は、あくまでオールマイティのものではなく、一面の真理でしかなかったと言える。しかし、ドイツもフランスにおける戦車群の運用の成功を過大視するという失策を犯した。そして、その成功が彼らの考えていたものよりあまりに大きかったため、〝電撃戦〟が万能だと信じたのである。

当時のドイツ戦車隊は、相手が歩兵中心の旧来の戦術で対抗している間は、その機動力と集団使用によって大いに有効であった。これがいったん相手も戦車を中心とした機動戦をとり入れて対抗するようになると、必然的に戦車戦が起こるようになり、そうなるとドイツ戦車の貧弱な火力と装甲では明らかに不利となった。

このことは、先に述べたようにフランス戦でも体験され、このあと、独ソ戦や北アフリカで痛感されるようになる。そして、ドイツ戦車はその後、相つぐ火力と装甲の増加に追い立てられるのである。

ドイツ軍のフランス侵攻（一九四〇年五月〜六月）

	ドイツ	フランス	イギリス
総兵力	五二万名	八〇万名	三三万名
師団数	一二五個	一一二個	二〇個
航空機	一七〇〇機	二二〇〇機	四七〇機
大口径砲	一七〇〇門	二八〇〇門	一四〇〇門

戦車	二五〇〇台	三六二〇台	一四一〇台
内訳	Ⅰ号（一〇六〇）	R35（一〇〇〇）	Mk6（個々の台数不明）
	Ⅱ号（九五〇）	B（六五〇）	Mk1
	Ⅲ号（三五〇）	S35（五七〇）	Mk2
	Ⅳ号（二八〇）	他	

北アフリカの戦い

北アフリカの砂漠に展開した戦いの究極的な目的は、地中海の制海権と、要衝スエズ運河の支配にあった。地中海は南ヨーロッパ全体の〝柔らかい下腹〟であったし、後者はアジアに巨大な植民地を持つイギリスの生命線と言えた。

一九四〇年九月、イタリア軍のエジプト攻撃にはじまった砂漠の戦いは、一九四三年五月のチュニジアの戦闘で幕を閉じる。

しかし登場する戦車の種類からみると、この戦いは三つに区分することができる。まず、枢軸側の大敗に終わった初期のイタリア対イギリスの戦闘。次にはロンメル将軍の率いるドイツ・アフリカ軍団対イギリス軍の戦い。そして最後はティーゲル重戦車の登場するチュニス周辺のドイツ軍対アメリカ・イギリス軍の戦闘である。

ここでは、イギリス対イタリアの戦いは省略して、戦車と戦車の激闘が展開されたあとの二つを追っていこう。

一九四一年二月、ドイツ・アフリカ軍団のトリポリ上陸に端を発する独英の戦いの目的は、ドイツ最高司令部の意志に反して、結局のところスエズ運河の争奪であった。地図上で両軍は何回となく東と西へ往復して、最後のエル・アラメインの決戦へと向かうのである。

初期においてドイツ側の戦車はⅡ号戦車七〇台、Ⅲ号戦車一四〇台、Ⅳ号戦車三五台であり、これにイタリアのM13／40などが一五〇台加わる。

イギリス側はマチルダMk2を主とする歩兵戦車二一〇台、クルーザー、クルセーダーなどの巡航戦車三七〇台、軽戦車としてアメリカ製のM3スチュワート一六五台であった。台数の合計はドイツ・イタリア四〇〇台、イギリス七五〇台で、低性能のイタリア戦車をどう評価するかによっても異なるが、イギリス側は常に枢軸軍の約二倍の戦車兵力を持っていた。この傾向は最初から最後まで続く。

戦いの初期の両軍の主力戦車は、

独…Ⅲ号E、F型、Ⅳ号D型

伊…M13／14

英…マチルダMk2、クルセーダーMk3

の六種類である。

ドイツのⅢ号、Ⅳ号とも能力がほぼ平均しており、これが北アフリカの戦車戦をドイツの優勢に導いた原因の一つであろう。歩兵戦車マチルダと巡航戦車クルセーダーが全く別の目的に沿って設計されていたことは、この場合大きなマイナスであった。個々の攻撃力はデータの上からほとんど同じであり、結局、他の機動力、防御力が戦いの方向を決定づけたようだ。

しかし一九四二年の後半になると、登場する戦車はすべて質的に向上したものになる。イタリア軍はほぼ脱落状態となっていたので、ここでは無視する。

両軍の主力戦車は、

独…Ⅲ号L型、Ⅳ号F_2型

英…マチルダMk2、M3リー／グラント、M4シャーマン

となっていて、攻撃力は飛躍的に増大する。もはやM3軽戦車やM13／40、Ⅲ号D、E型などは本格的な戦車戦闘への参加は不可能となってしまったのである。

続々と数を増す新型のアメリカ製M4中戦車に対して、新しい戦車の開発に手間どっているドイツの切り札は、一九四二年の春から登場したⅣ号F_2型であった。この時期、八八ミリ砲を除けば、連合軍の最新鋭M4中戦車に対抗できるものは、このⅣ号F_2型だけであり、イギリス軍の呼ぶところの〝Ⅳ号スペシャル〟こそアフリカ軍団のエースであったといえるだろう。

また、もう一つの主力戦車であるⅢ号戦車も激しい戦闘で鍛えあげられ、武装、装甲とも向上し、最終型であるJ形では五〇ミリL60砲と六〇ミリの装甲厚を持つに至った。

したがってⅢ号、Ⅳ号の総合戦闘力は次のように著しく増加し、これが常に劣勢で戦いな

クルセーダー3、M3リー（右）／グラント（左）

がらイギリス軍に大打撃を与えたドイツ側の原動力となった。

○Ⅲ号戦車の主砲の威力数

Ⅲ号D型…三七ミリL45　一六六五
同　F型…五〇ミリL42　二一〇〇
同　H型…五〇ミリL60　三〇〇〇

またⅣ号戦車についても、主砲の口径は変わらなかったものの砲身長は拡大され、

Ⅳ号D型…七五ミリL24　一八〇〇
同　F_2型…七五ミリL43　三二二五

と威力は八〇パーセントほど大きくなっている。

砂漠における最後の大戦闘となったエル・アラメインの場合、ドイツ軍の戦車は四七〇台（あまり役に立たないイタリアの戦車がそのうち二五〇台）、そしてイギリス軍はＭ４中戦車を主力に七〇〇台であった。

　しかしその内訳をより詳細にみると、ドイツの長砲身Ⅳ号はわずか五〇台、これに対してほぼ同等の能力を有するＭ４は二五〇台であった。したがって、英首相チャーチルによって「エル・アラメイン以前に勝利なし、エル・アラメイン以後に敗北なし」と言わせたこの戦いも、冷静に見れば質においてもイギリス側が勝り、当然の勝利であったといえる。

　そして、アフリカにおける最後の戦闘は、チュニジアのチュニスをめぐるアメリカ対ドイツのものである。ドイツ・アフリカ軍団は前述のエル・アラメインの戦いで敗北してから退

Ⅲ号L、Ⅳ号F_2

潮に転じ、したがってこのチュニス周辺の戦闘もすでに大勢に影響を及ぼすものではなかった。しかし、あえて取り上げたのは、Ⅵ号Ⅰ型ティーゲル重戦車の初登場と、ヨーロッパの陸上戦闘に初めて顔を出したアメリカ陸軍との対決に触れてみたかったためである。

兵力からいえば、補給路を断たれつつあったドイツ軍と、無限の輸送力をもつアメリカ軍であったから、その差は大きい。東から迫るイギリス軍と西から押し寄せたアメリカ軍に挟まれたドイツ軍は、たとえ数多くの小規模戦闘に勝ったところで、最終的な敗北は目に見えていた。

さて、アフリカに登場したティーゲルⅠ型は第501重戦車大隊（一部）である。これに対戦するのはアメリカ第1装甲師団のM4A1およびM3中戦車であった。

ドイツ軍の重戦車ティーゲル（タイガー）と、イギリス軍の主力となっていたM4シャーマンの主砲威力を比較してみると、

Ⅵ号…八八ミリL56　四九二八

M4…七五ミリL41　三〇七五

となり、実力の相違がはっきりする。

一九四三年二月中旬の戦闘では、八台のⅥ号、一四台のⅢ号、一七台のⅣ号の損害をもって一五七台のM3、M4中戦車（一部M3装甲車を含む）を撃破している。

また機動力は高いとは言えないものの、Ⅵ号戦車が防御戦闘を行なったとき、その力は十分に発揮された。もしシャーマンをもってティーゲルの待ち伏せを打ち砕くとすれば、最低

二台、できれば三台のM4が必要となる。

この事実はいくつかの戦記、資料（たとえばP・クロステルマンの「撃墜王」）に記されており、ティーゲルはシャーマンの二〜三倍の戦闘力を有すると考えてよい。

もっとも全体的に見れば、チュニジアの戦いの兵力比は一対六〜七であったし、またドイツの戦車兵力のわずか二〇パーセント程度だけがⅥ号であったから、この質の優勢が戦いの結果に結びつかなかった。

ドイツ戦車の優れた戦闘能力も、また乗員の不屈の闘志も、それが効果を発揮するのも二倍程度の敵に対する場合が限界で、五倍以上の大兵力が怒濤のように押し寄せれば、結局崩壊せざるを得ないのである。

灼熱のアフリカの戦い、酷寒のロシアでの戦闘とも、前述の原則は完全に守られた。戦争とスポーツの根本的な相違は、〝同数のルール〟が適用されないところにある。もともとドイツ・アフリカ軍団は、イギリス軍に痛打されたイタリア軍の補助として北アフリカに渡ったのである。

しかもその兵力は終始少数であった。けれども熱砂の海にくりひろげられた戦車対戦車の死闘は、その規模と関係なく、われわれの興味を引きつける。

この理由は、戦場に民間人が皆無に近かったので、戦争の持つ陰惨な面があまりないこと、英、伊、独軍とも、例外はあるにしても〝紳士的〟に戦ったこと、そして舞台が日本やヨーロッパには存在しない大砂漠であり、戦いがスピード感に富むことなどであろうか。

現在でも北アフリカの砂漠には、錆ついた敵味方の戦車の残骸が残っていると聞いたことがある。もしなんらかのチャンスがあればこの〝砂の海〟を訪ねて、それらの鋼鉄の獣たちに会ってみたいと願うのは、決して筆者だけではあるまい。

独ソ戦（前半）

一九四一年六月二十二日、ナチスドイツは三〇〇〇キロを超す戦線において、大陸軍国ソ連を攻撃した。

ドイツの国家社会主義は共産主義とは相入れないものではあったが、両国の全面的な軍事衝突が、これほど早い時期に起こるとは、だれも予想できなかった。

ヒトラーとしては、フランス、ポーランドなどで成功した〝電撃戦〟をソ連に対して行なえば、半年をもってこの赤い大国を崩壊させ得ると考えていた。たしかにドイツの機甲戦術は、この時点で頂点に達していたが、個々の戦車の能力としては決して高いとは言えなかった。

たとえばソ連領に突入した約三五〇〇台の戦車のうち、Ⅲ号戦車について三七ミリ砲装備三五〇台、同五〇ミリ砲（42口径）装備一一〇〇台、Ⅳ号はすべてが短砲身の七五ミリL24装備となっていた。残りの主力となる三八（t）戦車も三七ミリ砲である。このドイツ戦車の武装の貧弱さが、バルバロッサの失敗原因の一つであると理解されるまでには、まだ少し間があった。

一方ソ連軍は、新型のT34を除くとBT7、T26Cなどが主力で、ともに主砲は四五ミリL46である。

ここではまず、これらの主砲の威力を調べてみよう。

〈ドイツ〉

三七ミリL45　一六六五

五〇ミリL42　二一〇〇

七五ミリL24　一八〇〇

〈ソ連〉

四五ミリL46　二〇七〇

このように数値としてはほぼ同様となる。

しかし一万数千台の戦車を持つソ連軍は、その五分の一のドイツ軍に連敗する。理由はたびたび繰り返すが、戦術の優劣にあった。個々に見れば、乗員の慣熟度、通信システムの良否、支援車輌の性能などがあげられるが、結局はそれらを活用したドイツ側の集団戦車運用の腕の冴えと言える。ソ連歩兵の間に浸透した〝戦車恐怖症〟は、群れをなして突進してくるドイツ戦車によって最大にまで増大した。

侵攻してくる敵の数倍の兵力を保有し、個々の戦車の能力はほぼ同等というソ連陸軍が、緒戦においてあれほどの大敗を喫した理由はわからない。

ともかくソ連軍が開戦後半年間で受けた戦車の損害は一万台に達するのである。この数字は、ソ連を除く当時の全世界の戦車を集めたよりも更に多い。同時期の日本陸軍の戦車数は一五〇〇台程度であったろう。

ソ連軍は一ヵ月あたり二〇〇〇台近い戦車を失ったのである。

これに対してドイツ軍の同時期の損失は約二五〇〇台で、ソ連の二五パーセントといったところである。それでもたった半年間で、開戦時の戦車兵力の八五パーセントが消え去った。この戦いが生易しいものではなかったことが、この数値からはっきりと読み取れる。

　この時点での勝利は間違いなくドイツ側にあり、その戦車群は一〇〇〇キロも深くソ連領内に攻め入っていた。赤い大国の首都モスクワの陥落は、ロシア人の目にも確実なものと見えた。しかし、ここで救世主が登場した。

　T34／76中戦車がそれである。一九三九年の中頃から試作が進んでいたこのT34は、現在の戦車のすべてに影響を与えているといえるほど優れたものであった。この戦車は、無線装置の不備を除けば、近代主力戦車に必要なすべての要素を持っている。それらは次の性能表を見れば明らかである。

　一九四一年末の時点で、主力であるドイツⅣ号戦車と比較すると次のようになる。

要目	T34／76（一九四〇）	Ⅳ号D型
○戦闘重量	二六・五トン	二〇・〇トン
○主砲（口径—砲身長—威力）	七六L31　二三五六	七五L24　一八〇〇

○最大出力	五〇〇馬力	三〇〇馬力
○燃料	ディーゼル油	ガソリン
○装甲（最厚部）	六六ミリ	三〇ミリ
○接地圧	六・四トン／㎡	七・一トン／㎡
○最高速度	五三キロ／時	四〇キロ／時
○行動距離	三五〇キロ	一七五キロ

このように簡単な要目だけを取りあげてみても、優劣は明らかである。Ⅳ号戦車になにか一つでも優れている要素でもあれば（たとえば装甲など）、Ｔ34に対応する手段が考えられたであろうが、全部の能力が劣っているので、正面から太刀打ちできなかった。

このＴ34／76に加えて、機動性には劣るものの強力な防御力を持つＫＶシリーズが登場したのであるから、ドイツ機甲部隊が苦戦したのは当たり前であった。

このＫＶ重戦車は、Ｔ34／76にも増して強力な戦車であった。主砲は同じ七六ミリＬ31であるが、重量が五〇パーセント増し（この増加分のほとんどが装甲板である）で、構造も近代的だった。

もちろん一九四一年中に戦線に登場したＫＶの数は多くない。しかしある記録によれば、七五Ｌ24や五〇Ｌ42の戦車砲では歯が立たず、八八ミリ高射砲で七発の命中弾を与えて破壊したが、そのうち効果があったのは二発だけという、まさに怪物戦車である。

もし、ソ連軍がＴ34やＫＶ－１を集中的に運用すれば、これを阻止できる戦車はドイツ軍には存在しなかったから、戦線に大穴があくか、あるいはドイツ戦車部隊は潰滅的な打撃を受けたであろう。

しかしソ連軍は戦車を多くの部隊に分散配備していたので、これは実現しなかった。

さて一九四二年に入ると、T34／76に対するドイツ軍の対応策が二種の戦車となって登場した。同時にソ連も一九四一年型のT34に満足せず、その性能向上に努力した。この結果がT34／76（一九四二年型）である。

ドイツ

○Ⅳ号F_2型　七五L43　三三二五
○Ⅳ号G型　七五L48　三六〇〇
○Ⅵ号Ⅰ型　八八L56　四九二八

ソ連

○T34（一九四一）七六L31　二三五六
○T34（一九四二）七六L41　三一一六

まずドイツ側は、Ⅳ号戦車の七五L24砲の飛躍的向上をはかり、F_2型では七五L43、G型では七五L48を装備した。ともにT34／76（一九四一年型）の威力数を凌《しの》ぎ、この両戦車の登場によってドイツ戦車兵に自信を回復させた。これによりT34／76の性能は、攻撃力においては少なからず不利となったのである。

しかしこのことを予期していたソ連技術陣は、すぐに七六L41砲を装備した一九四二年型

KV-1、Ⅳ号H

のT34／76を登場させた。このあたりの対応の速さは、ノモンハン事件で大敗を喫しながら、九七式中戦車の改良を怠った日本陸軍の無能が恥ずかしくなるほどである。

ドイツ軍も改良したⅣ号戦車の限界をあらかじめ見極めて、一九四二年八月から八八ミリL56砲を持ったⅥ号Ｉ型ティーゲル重戦車を送り出した。KVと同様に機動力は低いが、攻撃力はT34／76（一九四二年型）の五〇パーセント増であり、この点では無敵である。このⅥ号戦車はⅣ号F、G型と違って装甲も強固で、T34はかなり接近しないかぎり勝ち目はない。とくにティーゲルが防御戦に用いられれば、機動力のマイナスが打ち消されるから、実にやっかいな相手となる。

しかしここでは、ドイツ軍の内部に目を向けて、新・旧二台の戦車を比較してみよう。これは一般の戦車ファンはあまり気が付かない部分であるが、観点を変えてみると極めて重要な問題を含んでいる。

それはⅥ号Ｉ型が本当に必要であったか、という課題である。ティーゲルという戦車は、日本の、というより世界の戦車ファンによく知られており、その評価は十分に高い。けれどもデータを冷静に検討するかぎり、その能力には疑問が山積してくるのである。

ここで強調したいことは、戦争は個々の兵士、個々の戦車の優劣は当然ながら、より重要なことは、〝量〟の問題である。一九四二年の時点で、ドイツはⅥ号の開発・生産に力を入れるよりも、それだけの時間と労力をⅣ号H型の生産に注入すべきであった。

なぜならH型の数を増やしたほうが、T34／76（一九四一、一九四二年型）を相手とする以上、効果的だったからである。

また一方、一九四二年の形勢としては、ドイツ軍は全般的に見てソ連軍と対等であったと考えられる。とすれば、数において劣るドイツ軍の唯一の勝機の鍵は、Ⅳ号F_2、G、H型などを駆使した機動戦にあったのではないだろうか。

機動力を著しく低いティーゲルの生産に固執したのは、自ら得意の機動戦を放棄したことになり、その上、数の劣勢をことさらひどくしてしまった。この点、戦車将軍グデーリアンがⅥ号よりもⅣ号の生産続行を主唱したことは全く正しい。

ちなみに、一九四二年末のⅣ号戦車の月間生産数は一二〇台、Ⅵ号のそれは二五～三〇台であるが、ソ連のT34／76（一九四二年型、一部では一九四一年型も生産されていた）の生産数は一八〇〇台であった。

もっと単純に戦車の生産数だけを比較しても一八〇〇：一五〇（一二倍）となってしまい、とても太刀打ちできるものではない。

破竹の進撃を続けたドイツ軍が、その後、持久戦に持ち込まれて敗れ去ったのは、このあまりに大きい数の差があったことが、原因の一つになっていたといってよい。

独ソ戦（後半）

第二次大戦の転機となったのは一九四三年の春から夏におけての時期であり、とくにヨーロッパ戦域ではその感が強い。四二年末から四三年初頭にスターリングラードのドイツ第六軍が全滅した状況が、戦史に大きく取り上げられてはいるが、実質的な損害はそれほど大きくない。

東部戦線においては、四三年七月のクルスク戦の敗北がドイツ軍の全面的退却の糸口となっている。

この戦いは歴史上最大級のもので、それに参加した戦車勢力もまた最大であった。七月五日からはじまったクルスク戦には、ドイツ軍の新しいMBTであるV号パンテルをはじめ、ティーゲルなどが参加したにもかかわらず、ソ連軍が強力に堅めた防衛線に突入したために、より能力の低いソ連戦車に敗れる結果となった。そして、このクルスク戦以後、ドイツ軍は地滑り的に後退を重ねることになるのである。

それではⅣ号H型、パンテルと、当面の敵であるT34／76（一九四二年型）、そして間もなく登場するT34／85を比較するところからはじめよう。

	Ⅳ号H	パンテル	T34／76	T34／85
主砲	七五L48	七五L70	七六L41	八五L54
同威力数	三六〇〇	五二五〇	三一一六	四五九〇
戦闘重量（トン）	二五	四五	二八	三二
装甲（ミリ）	八一	一一〇	八〇	一一六
最高速度（キロ／時）	四〇	四七	五三	五三

この戦いでソ連陸軍は、すでに能力的に限界に近づきつつあったT34／76をもって、Ⅳ号、Ⅴ号、Ⅵ号などの能力的に優れたドイツ戦車群を（数の問題は別として）打ち破ったのである。

前記の表から見れば、T34戦車について七六L31を七六L41に載せかえたところで大した向上はみられない。その機動力はドイツ戦車を上まわっているものの、火砲の威力は登場してわずか二年のうちに旧式化してしまった。

さてクルスク戦は、完成された防御陣地にドイツの重戦車群が楔《くさび》を強引に打ち込むことからはじまった。この戦術が、ドイツ軍指導部の完全なミスであった。いかに重装甲を誇る戦車であっても、その来襲を数週間前から知り、待ちかまえる対戦車陣地と正面切って戦っては無事では済まない。

この状況から、ドイツの最も優秀なMBTといわれたⅤ号戦車には最悪のデビューとなってしまった。もちろん等しい条件で新しいソ連のMBTたるT34／85と対戦すれば、パンテルはこれを容易に撃破できた。しかし同時にT34／85もほぼ同様にパンテルを打ち破れるのである。

とすると全般的な設計はどちらが優れているかという問題になるが、この解答は明白で、総合戦闘力、生産効果ともT34／85が圧倒的に優れている。ほぼ同じ性能でありながら、ともかくパンテルは重すぎるのである。戦闘重量は四五トン対三二トンで四〇パーセントほどパンテルが重い。

この差はT34がディーゼル・エンジン、V号がガソリン・エンジンを使っていることを考えれば、より大きく開く。

またこれはVI号、V号に共通している問題だが、なぜドイツ戦車はあの複雑な食い違い（千鳥型）転輪を採用したのであろうか。もし、いちばん奥（車体寄り）の転輪が地雷などで破損したら、その交換はどうするのか。交換のためにこれを取り外す手順はまさにクイズである。

またVI号I型の履帯（キャタピラ）もまた問題である。列車輸送用のものと戦闘用のものの幅が異なるが、二種類の履帯を用意する労力、取り変える時間など、考えれば考えるほど理解し難い。このような方式をとった理由は、いずれも重量が大きすぎたからである。そして、それでもなお、接地圧はソ連の重戦車よりずっと大きいのである。

このあたりの戦車設計技術面でも、ドイツはソ連に敗れたといえる。ドイツの戦車は後期のものになるほど強力になっているが、製造の工数、手間は増えて、量産にはますます不適な車輛になりつつあった。

そして実際の戦闘で必要なことは〝集団という量〟である。大戦中の戦車を、T34とKVシリーズに絞って生産したソ連の工業計画は、まさに適切であった。すでに何度か強調しているように、ソ連の軍事力（工業的実力を含めて）は、決して西欧側に劣っているとはいえないのである。

この面で問題になるのは、第二次大戦の全期間にわたってソ連の主力戦車であったT34シリーズの評価である。この改良の過程を理解しやすいように表で示すと次のようになる。

○一九四〇年—T34／76（一九四一）　七六L31　二六トン　乗員四
○一九四一年—T34／76（一九四二）　七六L41　二八トン　乗員四
○一九四三年—T34／85（一九四三）　八五L54　三二トン　乗員五

エンジンのパワーアップ、装甲の改良などを除くと、大きな変化はこの三つだけである。驚くべきことに、主砲の威力はわずか三年で約二倍にまで増強されており、一九四三年後半から登場した八五ミリ砲装備型は最後まで主力戦車の地位を確保しつづけた。

この改良の過程を、もう少し詳細に調べて、同時に同じように能力のアップを続けてきたⅣ号戦車の場合と比べてみよう。

まずⅣ号戦車については、この車体の基本設計は優れている。これは全体としての能力は低い水準にとどまっているものの、次々と改良が重ねられ、一応大戦の全期間を通じてMBTとして通用したことから証明される。しかし全体の設計が古く、たとえば被弾経始（砲塔のアール）が考慮されていないこと、サスペンションの強度不足などがあり、一応使えた戦車ではあるが能力は低かった。

一方、この意味でもT34シリーズは非のうちどころがない。幅広の履帯、ディーゼル・エンジン、被弾経始、大口径砲など、どの部分をとっても高いレベルでよくバランスがとれている。

T34／76からそれをベースにしてT34／85が誕生したときも、85の優秀性は76の基本設計の手腕によるところが大きい。ドイツ側の戦史にも、ロシア特有の泥濘を突破して進んでくるT34の恐怖が数多く描かれている。場合によっては、ドイツのすべての戦車がスタックするような悪路でも、T34は走行できたのである。

しかもこの戦車は戦後も長く使われている。一九九三年春の旧ユーゴをめぐる戦争においても、T34／85はいまだに姿をみせている。この事実こそT34シリーズの優秀性を示す証左であろう。

それでは次に、独・ソのヘビー級の戦車を比較してみよう。これらはドイツ側のティーゲルⅠに対するKV－85、そしてケーニクス（キング）・ティーゲルに対するJSⅢ重戦車である。いずれも大陸国のみに存在できたものであり、第二次大戦中にこれらを凌ぐ重量級戦車は登場しなかった。

	Ⅵ号Ⅰ型	Ⅵ号Ⅱ型	KV－85	JSⅢ
○戦闘重量（トン）	五六	七〇	四五	四六
○主砲	八八L56	八八L71	八五L55	一二二L43
○威力数	四九二八	六二四八	四六七五	五二四六
○装甲（ミリ）	一一〇	二〇四	一四五	一九四
○出力（馬力）	七〇〇	七〇〇	五五〇	六〇〇

この表で、二点ほど注意しなければならないところがある。一つはKV－85の主砲の砲身長で、この砲はT34／85と同じ八五L54（正確には54・5）となっているが、一部には八五

L51・5も装備されていた。後期型のKV－85にはL55が取り付けられていたので、こちらのデータを掲げた。

一方JSⅢは、第二次大戦に間に合わなかったとの資料もあるが、量産型が一九四四年末に完成しているので、一部は前線に到着しているはずである。

さて、各戦車の能力を一つ一つ見て行こう。前述のごとく、ともかくドイツの重戦車群はあきらかに重量過大である。ティーゲルⅠでもJSⅢより約一〇トンも重い。

エンジンの出力から考えるとKV－85でさえ重量過大であり、KV系の戦車は最初（フィンランド戦）から最後（ベルリン包囲戦）まで機動力不足に悩まされた。接地圧についてはT34の六・四トン／㎡に対してKV－85は八・〇トン／㎡であり、これはドイツのⅣ号後期型と等しい。したがって泥道、雪原を傍若無人に疾走するT34に追従できず、取り残されることが度々あった。

Ⅴ号、Ⅵ号Ⅰ、Ⅵ号Ⅱの接地圧は常にソ連戦車より大きく、機動性は劣っていた。この点については、ドイツは最後までソ連を追い抜けなかった。ここにもドイツ戦車の重量過大が影響している。

しかしドイツ軍の全戦線にわたる守勢は、これら重戦車に高い機動性を要求しなくなっていた。防御戦闘のためには戦略移動が少なく、腰をすえて待ちかまえるほうが得策である。そのためドイツの重戦車群はその実力を発揮できたのである。

さて、以上挙げた四種の戦車のうち、主砲の威力の大きいものはケーニクス・ティーゲル

（キング・タイガー）の八八L71であろう。威力数は六二四八であり、JSⅢの一二二ミリ砲の五二四六を凌ぐ。

また口径の大きい砲は弾丸重量も必然的に重くなり、発射速度（次填発射時間）も低下する。同時に敵を発見し、互いに初弾が命中しなかった場合、この二点は大口径砲にとって不利に働く。

他の要素としては乗員の訓練度であろうが、ドイツの戦車搭乗員の技量は常に高かったから、JSⅢの乗員もドイツ重戦車との対決は楽ではなかったであろう。

次に装甲の厚さであるが、ここに示したのは実質の厚さではなく、他の場合と同じく被弾経始、ディーゼル・エンジンを考慮した数値である。

驚くべき防御力はケーニクス・ティーゲルのもので、第二次大戦中の全戦車中の最高値であり、この戦車がどっしりと腰をすえて防御にまわったら、これに対する攻撃は簡単には行かず、大戦初期にKV－1に手こずったドイツ戦車部隊の悲哀を、今度はソ連軍が味わうことになる。

ともかくこの戦車を破壊するためにはT34／76を四～五台、またT34／85でも二台以上投入しなければならないのである。

数値から見るとケーニクス・ティーゲルの防御戦闘力はティーゲルⅠの二倍以上あるから、これも納得できる結果であろう。

このように本書は全体の中で、最も大きなスペースを独・ソ戦のために割いてきた。なぜ

Ⅵ号Ⅱ

独ソ戦争における戦車砲の威力の向上競争

登場年月	ドイツ 種類	ドイツ 主砲	ドイツ 威力数	ソ連 種類	ソ連 主砲	ソ連 威力数
1941/6	Ⅲ号D型	37mm L45	1665	BT-7	45mm L46	2070
	〃 F	50 L42	2100	T26	45 L46	2070
	Ⅳ号D	75 L24	1800			
1941/12				T34/76	76 L31	2356
				KV-1	76 L31	2356
1942/6	Ⅲ号L型	50 L60	3000	T34/76	76 L41	3116
	Ⅳ号F2	75 L43	3225			
	〃 G	75 L48	3600			
1942/12	Ⅵ号Ⅰ型	88 L56	4928			
1943/6	Ⅴ号	75 L70	5250	KV-85	76 L43	3268
1943/12				T34/85	85 L54	4590
1944/6	Ⅵ号Ⅱ型	88 L71	6248			
1944/12				JSⅢ	122 L43	5246

ならば、他の戦場と比較して東部戦線における戦車戦の規模は、ずっと大きかったからである。

また戦場に現われた戦車の重量、寸法も、他の戦域とは比較にならない。第二次大戦中の戦車技術のすべてがこの戦線に投入され、テストされたのである。この戦いの激しさが、独・ソ両軍のAFVに試練となって、優秀な戦車が次々と生まれ出たのであろう。数こそ多いものの、米・英の戦車はドイツ産の猛獣たちにとって、それほど恐ろしい相手では最後までなかった。戦車戦闘に関するかぎり、ドイツの主敵はあくまでもソ連の戦車群であった。

クルスクの戦闘（シタデル作戦）の戦力

	ドイツ軍	ソ連軍
総兵力	五五万人	一三〇万人
歩兵師団	一七個	三〇個
装甲師団	二四個	一八個
AFV	二七〇〇台	三三〇〇台
大口径砲	六〇〇〇門	一一〇〇〇門
航空機	二七〇〇機	三五〇〇機
予備師団	二〇個	二七個

連合軍の大陸反攻

一九四四年六月六日、午前零時十五分、アメリカ第101空挺師団がフランスに降下を開始し、オーバーロード（大君主）と呼ばれる連合軍の侵攻がはじまった。

この作戦のためにイギリス本土に集結した戦力は、三五〇万の兵員、五〇万台の車輛（一万一〇〇〇台の戦車を含む）、航空機一万三〇〇〇機、艦船八九〇〇隻、資材の合計一五〇万トンという、正に〝史上最大の作戦〟であった。

上陸、空挺作戦とも多少のトラブルはあったものの順調に進行し、この作戦から一年後ナチス・ドイツは完全に崩壊する。

この巨大な敵戦力をドイツ軍が撃滅できるチャンスは、相手の空軍力が健在である限り不可能であった。パンテル、ティーゲル、Ⅳ号戦車を有する六個機甲師団も、米英の戦闘爆撃機により潰滅的な打撃を受けるのである。このような状況下にあったため、連合軍上陸後から一一ヵ月後のドイツ降伏までに、大規模な戦車同士の戦闘が行なわれたことは二度しかない。

その最初は、上陸後のカーン市周辺の戦闘であり、最後は一九四四年末から翌年初頭にかけてのアルデンヌの闘いである。

それでは、まずフランスでの戦闘から見て行こう。この戦場の支配者はドイツ将兵が〝ヤーボ〟と呼ぶ戦闘爆撃機であった。それは四六時中上空に現われ、ドイツ地上軍を襲撃した。しかし何回かの戦車対戦車の戦いも発生したが、ヤーボさえ参加しなければ常にドイツ側の勝利に終わった。典型的な例は六月十三日のビリェル・ボカージュの戦車戦である。二台のⅣ号H型、二台のⅥ号I型および一台のティーゲルは、一七台のクロムウェルＭｋ４、八台のＭ３ハーフトラック、二三台のソフトスキンを完全に撃滅した。

この戦いにおけるドイツ軍の勝利の理由は明確である。まず第一に戦車砲の威力の差、第二に乗員の慣熟度である。後者に関しては、英米の戦車兵のほとんどが初陣であったのに対し、ドイツの戦車搭乗員はすべて東部戦線の死闘を経験していた。この差は、零と無限といってよいほど大きい。

戦車砲については、その威力数を比較してみると次の表ができあがる。

ドイツ		アメリカ・イギリス	
七五Ｌ48	三六〇〇	七五Ｌ41	三〇七五
七五Ｌ70	五二五〇	七六Ｌ52	三九五二
八八Ｌ56	四九二八	七六Ｌ55	四一八〇

とくに、ドイツ軍には七五Ｌ70砲を持つＶ号戦車が豊富に存在したのに対して、連合軍側戦車の八五パーセントが七五Ｌ41砲装備のシャーマン・シャーマンＭ４Ａ１〜Ａ３であった。資料によると、最強力の七六Ｌ55砲を持ったシャーマン・ファイアフライ戦車の装備数は、全戦車の四パーセントしかなかったという。このような状態で戦車戦を行ない、また乗員の技量に差が

あるとすれば、勝負は眼に見えている。シャーマンの主砲でパンテルの前部装甲板を撃ち貫くためには九〇〇メートル前後まで接近しなければならなかった。

一方、V号パンテルの七五L70砲は一五〇〇メートルの距離からファイアフライのどの部分でも貫通できたから、ヤーボさえ介入してこなければドイツ戦車の勝利は間違いないところである。

アメリカはこの戦訓をもとに、九〇L50砲を装備したM26重戦車の開発を急ぎ、同年十二月よりヨーロッパ戦線に登場させる。

しかしイギリスは、終戦直後に戦線に配備したセンチュリオン戦車にさえも七七L55砲しか装備できず、常にドイツ戦車の後塵を拝することになるのである。

第二次大戦中、イギリスはドイツを凌ぐ量の戦車を生産しながら、その古い設計思想から抜け出ることができず、低性能の戦車で戦い続けなければならなかった。イギリスはやはり、〝海軍国〟というべきなのであろうか。

さて、第二次大戦最後の大規模な戦車戦が行なわれたのは、西部戦線のアルデンヌ地方であった。地上兵力に関するかぎり、ソ連軍より西側連合軍（英・仏・米）のほうが少ないと見たヒトラーは、一九四四年末になって最後の戦力をこの方面に集中する。この攻撃が、アメリカ軍の呼ぶ「バルジ（突出部）作戦」、あるいはドイツ軍の呼ぶ「アルデンヌ攻勢」である。

ドイツ軍のこの大攻勢は約二五万の兵力を使用し、英米軍に大打撃を与えて、もし可能ならば西側との和平を作り出そうと試みたものであった。

もしヨーロッパ大陸の米英地上兵力が潰滅的打撃を受ければ、その可能性もなくはなかったが、その目的に使用される兵力がわずか二五万程度では、ドイツ軍の攻撃はすぐに息切れする。

ともかく、厳冬のヨーロッパで激しい戦闘が一ヵ月ほど続き、天候上の理由から空軍の活動が不活発であったので、戦車同士の激戦が数多く発生した。

このアルデンヌ攻勢のドイツ軍の主力となるのは一二個の機甲師団であったが、その戦車数は合計で約一〇〇〇台、定数よりかなり少なくなっている。しかし質的にはV号G型、VI号I型および最強のVI号II型などをそろえ、連合軍を完全に上まわっていた。

とくに第五機甲軍のSS機甲師団は、そのほとんどがV号、VI号戦車（他はIV号、V号の組み合わせ）であったから、連合軍側にはこの重戦車の攻撃を阻止できる戦車はほとんどなかった。この時点での両軍の戦車砲の威力は次のとおりである。

○V号　七五L70　○ファイアフライ　七六L55

○VI号I型　八八L56　○コメット　七六L54

○VI号II型　八八L71　○M26　九〇L50

したがって、正面から撃ち合って一応互角にドイツ重戦車群と戦えるのは、この戦闘の後に戦場に姿を見せたM26パーシング（威力数四五〇〇）だけである。

他の西側連合軍の戦車は、どれも攻撃力と防御力において大きくドイツ戦車に劣っている。

またこの事実をドイツ軍上層部が確信していたからこそ、アルデンヌ攻勢を実施したのであろう。

ドイツ側は戦車個々の能力として、東部戦線では対等、西部戦線では圧倒的に優勢と考えていたのであり、その判断は数値から見ても正しかった。

しかし実際のアルデンヌにおいては、ドイツ軍の確信した戦車能力の差ほど戦闘は有利に進行しなかった。その理由は、戦場の地形上、進撃路が限られていたこと（相手から見ると防御しやすい）と、連合軍、とくにアメリカ軍のねばり強い防衛戦術にあった。

また、大戦の後半においても、ドイツ戦車兵の技量はそれほど低下しなかったが、歩兵については一四歳の少年から六〇歳の老人まで国民突撃隊として徴募していたから、その質的低下は著しかった。

ドイツ戦車隊は対戦車戦闘の場合、東部戦線においては一対二の損失率（キル・レシオ）、西部戦線では一対三の損失率を最後まで維持していたようである。ドイツ側の資料によっては東部で一対三、西部で一対四・五とあるが、ソ連、アメリカ、イギリス軍戦車兵も経験を積んできているので、この数値は少しオーバーなものといえそうである。

しかし、一九四五年初頭のドイツと連合軍の兵力比は、歩兵について二倍強（質を考慮すれば四倍強）、戦車数三倍、とくに航空機については六倍と著しく連合軍有利となっている。

また、ドイツ本土はすべて戦火に覆われているのに、アメリカ、ソ連の国土は絶え間なく武器を生み出している。

ファイアフライ、コメット

結局、先に掲げたドイツ戦車の質の優位も、東西両側からの圧倒的な〝量〟の前には全く無力となったのである。

アルデンヌ攻勢（バルジ作戦）時の戦力

	ドイツ軍	連合軍
総兵力	二五万名	四八万名
歩兵師団	二八個	二六個
機甲師団	九個	一二個
同予備	三個	六個
ＡＦＶ	二五〇〇台	四八〇〇台
大口径砲	一九〇〇門	八五〇〇門
航空機	一九〇〇機	七五〇〇機

日本軍のマレー、フィリピン進攻とアメリカ軍の反撃

昭和十六年十二月八日より、日本は英、米、オランダと戦闘状態に入った。日本の戦車部隊はマレー半島においてイギリス軍と、そしてフィリピンにおいてアメリカ陸軍と交戦することになる。

イギリス軍の場合、極東、東南アジアの部隊は戦車を持たず、キャタピラ付きの車輌としてはオープントップに機銃装備のブレンガン・キャリアーくらいであった。したがって、八九式、九七式中戦車はもちろん、九五式軽戦車（三七ミリL37砲）でさえこれを撃破するのは容易である。

十二月八日の開戦から翌年の一月末までに、英・インド軍は一〇〇台を超すブレンガン・キャリアー軽装甲車を日本軍によって破壊された。日本の戦車はイギリス軍の二ポンド対戦車砲によってかなりの損害を受けたものの、作戦は予定どおり進行していった。

一方、フィリピンの攻略にあたっては、日本軍の進撃はマレーのようにスムーズには行かず、大幅な予定の変更と多大の損害を生ずることになるが、戦車においても同様であった。アメリカ陸軍は当時フィリピンにM2A4とM3A1スチュワート軽戦車を配備しており、この二種の戦車は、同じ仕様の三七ミリ砲を装備しているものについては同型と考えてよい。なぜなら、M3はM2の部品を流用して製作された性能向上型だからである。

実際にはフィリピンの戦闘では、約二〇〇台のM2と一〇〇台のM3が日本軍を迎え撃ったが、ここでは共にM3として話を進めて行こう。M3の量産型（M3A1）の生産が一〇〇台に達したのは、太平洋戦争直前の一九四一年八月である。この三分の一はヨーロッパへ、四分の一はフィリピンに送られたので、少なくとも三〇〇〜四〇〇台の戦車がフィリピンのアメリカ軍にはあったはずである。

まず本格的な戦車戦は、開戦直後の十二月中旬に八九式中戦車とM3の間ではじまったが、旧式の八九式はＭ３によって簡単に撃破されてしまった。

このあとの戦いでは、日本軍の主力戦車は九七式改（一部一式中戦車）となり、これに対するアメリカ軍はＭ４シャーマン中戦車に代わる。

サイパン、沖縄をはじめ、これまた日本軍戦車は徹底的に打ち破られる。シャーマンと九七式改（一式）の対決は、ほぼ完全にＭ４の勝利となった。非力さを知った日本の戦車兵は地中に戦車を埋め、砲塔だけを出して強敵と戦う手段をとった。

それではまず九五式、八九式、Ｍ３の攻撃力をみてみよう。

	主砲口径	砲身長	砲威力	装甲	重量
○九五軽	三七ミリ	37	一三六九	一三・二ミリ	七・四トン
○八九中	五七	18	一〇二六	一七	一三・〇
○Ｍ３軽	三七	54	一九九八	三八	一二・三

であるから、まともに戦ったら日本軍の戦車の勝利はおぼつかない。たとえ新しい九七式中戦車をもってきたところで、主砲は同じ五七ミリ短砲身であるから攻撃力は変わらない。

実際に日本の戦車は、戦車戦では負け続けた。

この事実は、フィリピン占領後の日本軍の射撃テストでも証明された。無傷で捕獲した三台のＭ３を使って三七ミリ、五七ミリ各砲で射撃してみたのである。日本軍の砲弾はＭ３のいずれの部分も貫通できず、これに対してＭ３の対戦車砲は日本軍戦車のどこでも簡単に貫いたという。

九五式軽戦車、九七式中戦車

これがともに中戦車なら言い訳も立つというものであるが、「日本軍の中戦車対アメリカ軍の軽戦車」という組み合わせで前述の結果では話にならない。そこで、当時生産されはじめた四七ミリL48砲を搭載した九七式改を急遽フィリピンに送って、アメリカ軍の軽戦車に対抗させた。

またビルマの戦線においても、日本軍速射砲部隊がイギリス軍の使用するM3軽戦車に対戦車砲（三七ミリ）で二〇発以上の命中弾を与えたが、破壊できなかったとの資料もある。考えてみれば、このような事実は三年前のノモンハン事件のあとに、すでに予測されたことではなかったのか。

戦争末期には、ごく一部の一式砲戦車（七五ミリL38）がフィリピン戦線に登場してM4を撃破したとの記録もあるが、薄い装甲とオープントップの固定砲塔では本格的な戦車戦には使用できない。

それでは、実際には戦争に間に合わなかった新生の三式、四式の中戦車が日本陸軍の機甲部隊に揃っていたら、その結果はいかなるものになっていたであろうか。

三式の七五ミリL38砲では、たとえ数が十分にあったとしても勝ち目はシャーマンにある（威力数二八五〇対三〇七六）。日本陸軍のエースは、やはり四式中戦車（七五ミリL56）であろう。その主砲の威力数は四二〇〇で、M4A1どころかM4A3E8の七六ミリL52をさえ凌ぐ。しかし装甲厚、機動力などを考慮にいれた総合戦闘力を比較してみると、やはり日本軍戦車に勝ち目はなかった。

一式砲戦車、三式中戦車

結論として、日本陸軍の戦車は対戦車戦闘においては勝利の味を全く知らずに終わった。主力戦車である九七式中戦車は、ノモンハンではＢＴ７に、太平洋戦争の初期にはＭ３軽戦車に、後期にはＭ４シャーマンに徹底的に打ち負かされた。

次に、第二次大戦終了までの間、日本の唯一のＭＢＴであった九七式中戦車（シリーズ）の能力を調べてみよう。この目的は、大戦中に東南アジア、中国大陸、そして太平洋の島々で善戦したこの九七式が、他の国のＭＢＴと比較してどの程度のものであったのかを正確に把握することにある。

九七式中戦車の発展は、次のごとく極めて簡単である。

	主砲	エンジン出力	重量
(a)九七式中戦車	五七ミリL18	一七〇馬力	一四・五トン
(b)〃（改）新砲塔	四七ミリL48	一七〇馬力	一六・〇トン
(c)一式中戦車	四七ミリL48	二四〇馬力	一七・五トン

この(c)については九七式→一式と名称は変わっても、エンジン出力の増大と車体の小改造にとどまっているので、実質的には一つのタイプと考えてよいと思う。

また五七ミリ砲は歩兵の火力支援用で、対戦車戦には全く役立たないので、このタイプは除いて話を進めて行くべきであろう。

第二次大戦に登場した戦車の中から、戦闘重量が一〇〜二〇トンのものをピックアップし、また主砲口径が三七～五〇ミリの戦車に限って考えてみよう。

中でも九七式改の四七ミリL48はなかなか威力をもった砲であるといえ、ドイツのⅢ号L型の五〇ミリL60を除けば最も強力である。しかしエンジン出力は低く、この傾向は三式、四式、五式と続く日本戦車の系列のすべてにいえることである。速度、接地圧など他の戦車と大差はなく、唯一の長所は空冷ディーゼル・エンジンを装備している点であろうか。

総合戦闘能力からいえば最も近いものはM3軽戦車である。広い観点にたてば、九七式（一式）はM3、BT7（ガソリン・エンジン付き）そしてⅢ号戦車（五〇ミリL42）とほぼ同じ能力であったと結論できる。

この戦車で、大戦末期にM4シャーマンと、そして中国大陸でソ連軍のT34／85と戦ったのでは、九七式（一式）の乗員はたまったものではない。

もちろん日本国内の道路、鉄道の輸送手段を考慮して設計された九七式だが、外地で使うことを考えて造られた戦車が、国内の規制に縛られるのもおかしな話である。九七式に何か突出した能力、たとえばBT7の高機動性、M3の高速走行能力、Ⅲ号の装甲板増加の工夫などがあれば、もう少しましな戦闘方法もあったであろう。

創設期から敗戦のときまで、日本の陸軍は歩兵による白兵突撃（最も費用がかからず、訓練も容易）がベストだと本当に信じていたのであろうか。

一方日本海軍は、それなりに技術面で世界的水準を保持しつづけた。他国の海軍より劣っていた面もあるが、別な面では非常に高いレベルに達していた。用兵面では空母機動部隊という現在でも通用する新しい思想を導入、また技術面では酸素魚雷という他の国より数倍（兵器の世界で、これほどの差がつくことは稀《まれ》である）も優れた兵器を誕生させた。

これに対して、日本陸軍の財産としてはいったい何があったであろうか。技術／戦術など、どの分野をとっても他国を越えるものはありそうにない。もしノモンハン事件の大敗北を謙虚に反省し、そこから何かを学ぼうとする研究心が少しでもあったら、状況はもう少し変わっていたであろう。突出した精神主義と、軍人が専門外の政治に手を出して本業をおろそかにした結果というほかはない。その一つの実証例が、日本の戦車の発展史ではないだろうか。

ソ連軍の満州侵攻

一九四五年初頭から、枢軸側の敗色はきわめて濃厚となった。ヨーロッパにおいては、ドイツ軍最後のアルデンヌ攻勢が一月中旬に失敗し、また極東においても同年三月に硫黄島が陥ち、四月のアメリカ軍の沖縄上陸という決定的打撃を受けつつあった。

その後、戦局は劇的に変化し、ついにナチス・ドイツは五月に無条件降伏せざるを得なかった。イタリアは早期に脱落していたから、日本はこのときから八月の降伏まで全世界を相手に戦い続けることになる。

六月末には沖縄の戦闘も終わり、この時期には日本国内の主要な都市は相次ぐ空襲によって焼失していた。

八月八日、ソ連は突然宣戦を布告、同時に一五〇万を超す大兵力で満州（現在の中国東北部）に侵入してきた。一九三九年秋のポーランド進攻と全く同じ手口で、一つの国が滅びようとする直前の暴挙であった。

大本営はソ連の全面侵攻を確認した上で、八月十日に対ソ全面戦発動を指令、ノモンハン事件から満六年ぶりの日・ソ軍の対決となった。満州における日本軍は「関東軍」と呼ばれ、日本陸軍によれば「史上最強の方面軍」とのことであった。

その実力は一九四一年夏にピークに達し、同七月の関東軍特別大演習（関特演）当時には合計二一個師団（正規）、他に二五個独立部隊、兵員七〇万名の勢力を誇示していた。

しかしその後、一九四二年より部隊の南方戦線への引き抜きが徐々に行なわれ、兵員だけではなく、火砲、戦車、航空機とも減少の一途をたどっていた。大幅に減った兵員に関しては、その後補充が行なわれ、ソ連軍侵攻の時点でも七〇万名という数は確保されていた。しかしその実力は、七〇万人に対して戦車はわずか三〇〇台（そのほとんどは九七式中戦車改、九五式軽戦車）しかなかった。

また歩兵のうち一〇～一五パーセントは小銃すら持っていない状況であり、大口径砲はわずか四〇〇門である。激戦の続く太平洋戦域が、満州に駐留する日本陸軍の兵員と兵器の精鋭を貪欲に飲み込んでしまっていたのである。したがって一九四五年当時の兵員の年齢も高く、練度は最低であった。

一方、対独勝利に意気あがる極東ソ連軍は、装備、戦闘技術、訓練度と、何をとっても絶頂期にあった。そのうえ兵力は一五〇万に達し、その戦力は日本軍の数倍といえた。ソ連軍は八月八日の開戦から二週間にわたる戦いで、広大な満州の全域を占領する。ソ連の主要打撃部隊となった第六親衛戦車軍だけでも戦車・自走砲一一〇〇台、一二五〇門の大口径砲、七〇〇〇台の輸送車輌という戦力であった。したがって関東軍は、ソ満国境でいくつかの部隊が激しく抵抗したものの、数日をもって全滅、四散の状態となった。日本軍兵士の標準的な装備が小銃と弾丸二〇〜三〇発、手榴弾数発、そして国境要塞の大砲さえ木製の疑似砲に置き換えられていた現実では、どうしようもなかったであろう。

さて、それでは他の戦線と同様に、戦闘に参加した両軍の戦車を見て行くことにしよう。

前述のとおり、日本軍の主力は九七式中戦車である。そして当時の満州駐留の日本軍機甲兵力は戦車第三十四、三十五連隊（奉天）、同第五十一、五十二連隊（同）しかなく、またいずれも充足率は五〇パーセント程度と考えられる。

もし一〇〇パーセントの充足率なら、一個戦車連隊は一式中戦車（四七ミリ48口径砲）三〇台、三式中戦車（七五ミリ38口径砲）三〇台、自走砲（七五ミリ38口径、一式砲戦車など）六〇台など（軽戦車はのぞく）一応の戦力を有するはずであった。日本国内の戦車連隊をこの編成にするべく努力がなされていたが、満州駐留の部隊には三式中戦車は配属されず、一部には五七ミリ短砲身を装備した旧式の九七式中戦車さえも残っていた。

これらの九七式の各型ごとの割合は記録にないが、大胆に推測すれば、一式中戦車、九七式中戦車新砲塔、同五七ミリ砲装備型がそれぞれ三分の一ずつといったところであろうか。

これらの推測から判断すると、日本陸軍の戦車で多少でも対戦車能力を有するものは九七式新砲塔、一式中戦車である。これらの戦車の主砲は、前述のごとく四七ミリL48口径であるから威力数は二二五六である。

これに対してソ連軍戦車部隊の大部分はT34／85で、それにT34／76（L41砲）がある程度加わる。

ソ連側では、関東軍が弱体であり、また終戦が間近に迫っていることがわかっているから、一刻も早く全満州を占領しなければならない。とすれば攻撃力は勝っていても、速度の遅いJS系やKV系重戦車は重要視されず、いきおい主力はT34系中戦車となったであろう。

それも独・ソ戦で二～三万台生産したT34／85が、ほとんどのはずである。

T34／85の主砲の威力数は四五九〇で、きわめて強力である。これに対する日本側の主砲の威力数は二二五六、つまりちょうど半分しかない。T34に比べて一式中戦車はすべての点で五〇パーセント以下の能力しか持っていなかった。出力重量比こそほぼ等しいものの、接地圧では大幅に高くなっているから、機動力などについても劣っていることになる。

さて、これでは救いようもないので、戦争やスポーツに〝もしも〟は禁物であることを承知の上で、それを試みてみよう。

もし日本側に多数の三式中戦車、そしてエースとなり得たかもしれない四式中戦車があったと仮定しよう。とくに数台の試作型しか完成していなかった四式は、L56の七五ミリ砲を持つ。したがってL41の七六・二ミリ砲のT34／76は十分にノックアウトできたであろう。

装甲も最大七五ミリ、重量三〇トンの堂々たる貫禄である。

しかし数値は冷酷である。日本のエース四式も、T34／85にかかっては歯が立たなかったに違いない。主砲の威力、出力重量比、装甲、それぞれの数値は、はっきりとその事実を示している。四式中戦車の能力は、せいぜいM4シャーマンの後期型としか考えられず、これではT34／85を撃破するチャンスは多くない。

第二次大戦前後において、ソ連と日本は一九三九年七〜八月のノモンハン事件と一九四五年八月、五年間の期間を挟んで二度対決している。その間の戦車の進歩を比較してみると次のようになる。

	日本	ソ連
一九三九	八九式（五七L18）	BT7（四五L46）
	九七式（同）	（すぐにBT7改に）
一九四〇	変わらず	T34／76（七六L31）登場
一九四一	変わらず	変わらず
一九四二	九七式（四七L48）に	T34／76（七六L41）登場
一九四三	変わらず	T34／85（八五L54）登場
		JSⅠ、Ⅱ（一二二L43）登場
一九四四	変わらず	変わらず
一九四五	三式（七五L38）登場	JSⅢ（一二二L43）登場

となり、日本戦車とソ連戦車との格差がはっきりとわかる。これは日本の戦車について、一九四〇年の水準に一九四五年になってやっと到達したという、悲しい事実を示しているのである。

第二次大戦中の最優秀戦車は？

最優秀戦車は？

全世界で三六〇〇万人を超える犠牲者を出した第二次大戦は、一九三九年（昭和十四年）九月一日のドイツ軍によるポーランド侵入から開始された。そして一九四五年八月十五日に日本の降伏によって終結するまでに、約六年の歳月が流れている。しかし、この大戦争のはじまる前に発生した一九三六年七月からのスペイン内乱、一九三七年七月の日中戦争、そして一九四〇年二月のソ連／フィンランド戦争と、その序曲を算定すれば一連の戦争は一〇年の永きにわたっている。

歴史に特記されるべき大戦争の発生原因やその推移は他書に譲るとして、本項ではそこに登場し、兵士を乗せて戦った数十種の戦車にスポットをあてて、第二次大戦中の最優秀戦車を探り出してみよう。

タイプについて

これらの戦車にも、人間と同じようにそれぞれの個性と遍歴があり、一般的なＡＦＶファンにも、また本格的な戦車研究家にも尽きない興味をいだかせる。

例えば、一七〇〇台近くが生産されながら一度も実戦に登場しなかったイギリスのＭｋＶ巡航戦車や、逆に五〇〇〇台に達しない生産数ながら最強の戦車として世界に名を轟かしたケーニクス・ティーゲルなど、戦車もそれなりの運命に支配されているようだ。

とくに「第二次大戦中の最優秀の戦車は？」という課題は、戦車ファンならば少なくとも一度は考えてみたことがあるであろう。日本はもちろん、米、英、独の雑誌などにも、時折この課題に関する記事が散見される。

もちろんソ連のマニアならその解答としてＴ34シリーズを挙げるであろうし、ドイツのファンならⅥ号あるいはⅤ号を、そして愛国心の強いアメリカの研究者ならＭ４シリーズを第一位に押すと思われる。ここに日本のＭＢＴたる九七式（一式）中戦車の名が出てこないのはなんとも残念であるが、それはそれとして、冷静にこの課題に取り組んでみる。

では、選定の母体として取り上げた戦車から見ていこう。ファンなら誰でも理解できるとおり、戦車には数多くのバリエーションがある。したがって、ここではそれぞれのシリーズの最終生産型を代表としてピックアップすることにした。

攻撃力

まず個々の指数について検討して行こう。最初は、主砲の威力数である。この値は算出法の項で述べたとおり、主砲口径に砲身長（口径）を乗じたものである。

威力の最も大きなものはⅥ号戦車Ⅱ型の八八ミリL71砲で、この戦車砲は第二次大戦中に出現した最も強力なものといってよい。

攻撃力の第二位は、Ⅴ号戦車の七五ミリL70砲と、口径こそ大きく違うもののJSスターリン戦車の一二二ミリL43砲である。数値は偶然にもほぼ同等である。もちろん一二二ミリ砲の方が実質的な威力は大といえるが、他の要素、すなわち発射速度、命中精度、携行弾数などを考慮すれば、実戦においてどちらが有利か単純には結論はくだせない。四位にはⅥ号Ⅰ型の八八ミリL56が入ってくる。そして次点には、M26の九〇ミリL50砲が位置する。

さて、主砲の攻撃力について順位を示すと、

一位	Ⅵ号Ⅱ型	八八L71	六二四八
二位	JSⅠ～Ⅲ	一二二L43	五二四六
二位	Ⅴ号G型	七五L70	五二五〇
四位	Ⅵ号Ⅰ型	八八L56	四九二八
五位	T34／85	八五L54	四五九〇
六位	M26	九〇L50	四五〇〇

ということになる。そして大戦後半にはこの程度の火力がないと、MBTとして生き残ることはできなかったのであろう。この事実から、日本の三式中戦車（七五ミリL38／二八五〇）や四式中戦車（七五ミリL56／四二〇〇）が登場したところで、やはり勝利を手中に収めるのは夢でしかなかった。

機動力

機動力に関してはソ連戦車の独壇場である。

道路網が完備されたドイツ、アメリカ、イギリスの戦車は、雪原と雪どけの泥濘に鍛えられたT34の敵ではない。機動力を数値で見る限り、V号G型でさえ、T34／85の半分の値でしかない。西欧側の戦車はいずれもそれ以下である。これに加えて、ソ連戦車の装備するディーゼル・エンジンは長い航続距離を保障するから、行動力の差はもっと大きくなる。

戦車の最大の存在条件として、攻撃力よりも機動（性）力を挙げる専門家も多いから、踏破性、航続性能は戦車の価値を大きく左右する。味方の戦車が泥や雪道に足をとられて立ち往生しているときに、それらをものともせずに突進してくる敵戦車の存在は、真の危機となるであろう。実際に東部戦線ではそのような事態が数多く発生した。

もし出力が同じであれば、戦車の機関重量はガソリン・エンジンのほうがディーゼルより二〇〜三〇パーセント軽くなる（これは現在でも同様である）。

したがって、他の条件が等しければ、踏破能力の点ではガソリン・エンジン装備の方が有利なはずである。にもかかわらず、T34シリーズは抜群の性能を発揮している。これは単にキャタピラの接地面積が大というだけではなく、基本設計の優れていることの証拠であろう。

各国の主要な戦車を列挙すると次の値が得られる。

	重量（トン）	出力（馬力）	接地圧（トン／㎡）
T34／76	二八	五〇〇／D	六・六
T34／85	三二	五〇〇／D	五・一
Ⅲ号D	二〇	三〇〇／G	九・五
Ⅲ号L	二一	三〇〇／G	九・四
Ⅳ号D	二〇	三〇〇／G	七・一
Ⅳ号H	二五	三〇〇／G	八・九
Ⅴ号G	四五	七〇〇／G	八・七
M4A1	三一	四〇〇／G	九・八
M4A3E8	三四	四〇〇／G	九・二
一式中	一七	二四〇／D	七・〇

注・Gはガソリン、Dはディーゼル・エンジン

この表を見る限りソ連の戦車の機動力、不整地通過能力（接地圧の関数となる）の大きさは数字で実証されている。

ドイツ、アメリカ、イギリスは大戦中に軽量大出力のディーゼル・エンジンを持たなかっ

た。そして装備しているガソリン・エンジンさえ、出力が常にソ連のものより少なかった。

日本の戦車は、初期の八九式を除いて他はすべてディーゼル・エンジンを装備していた。詳細なデータは不明であるが、日本のディーゼルの出力重量比は、ソ連のエンジンと比較してあまり遜色はない。ただ出力が半分にすぎなかった。

日本の戦車技術の中でただ一つ誇れるものがあるとすれば、統制型二四〇馬力ディーゼル・エンジンであろう。しかし出力からみればあまりに貧弱であった。そしてこのエンジンを連結して四八〇馬力を発揮させることなど、全く思いもつかなかったようである。

なお、前記の表から接地圧の少ない戦車としては、

一位　T34／85　五・一トン／㎡
二位　T34／76　六・六　〃
三位　一式中　七・〇　〃
四位　Ⅳ号D型　七・一　〃

となり、他の戦車はすべて八トン／㎡以上の値となっている。ただしここでは軽戦車は除いた。

次にもう一つの機動力を示す数値である出力重量比について調べてみよう。

主力戦車をみた場合、ドイツのⅣ号、Ⅴ号、ソ連のT34が等しく一五・六馬力／トンとなる。他のMBTの値はほとんど一二～一三馬力／トンの付近に集まっており、接地圧ほどの差は表われていない。

特記すべきは、大きい方ではBT7の三三馬力／トン、小さい方ではマチルダMk2のわずか七馬力／トンである。BT7が高速戦車と言われた理由がこの数字からもよくわかる。他方マチルダの動きは鈍く、機動力は最低であった。このようにソ連のT34シリーズが機動力においても、突出した存在であることがわかる。

防御力

さて次は防御力であるが、複合装甲など思いつかなかった第二次大戦初頭とはいえ、ドイツの戦車には被弾経始（砲塔、車体のアール）が全く考慮されていない。車体、砲塔の製作を難しくするものの、素晴らしい効果を発揮するこの被弾経始をドイツのⅢ号、Ⅳ号戦車に導入していれば、反撃してきたT34／76（一九四一年型）にあれほど苦しめられなかったかも知れない。

T34の一九四一年型は、七六ミリ砲を装備しているとはいっても砲身は三一口径であるから、威力数は二三五六で、数字上では主力を占めていたⅢ号戦車の五〇ミリL42砲（二一〇〇）なら攻撃力はそれほど劣らなかった。しかし万一被弾したときのサバイバビリティ（生存性）には大差があり、T34は被弾に耐え、Ⅲ号は大損害を受けることとなった。この主因は、装甲板の厚さとともに被弾経始の有無にあったのであろう。

さすがにⅤ号、Ⅵ号Ⅱ型からは極めて有効な被弾経始を採用し、それらは十分に目的を達している。

さて、サバイバビリティのもう一つの要素がエンジンのディーゼル化である。戦車のエンジンにディーゼルがよいか、ガソリンがよいかという議論には、もう結論が出ている。航続性能、被弾時の耐発火性、防水性など、どの項目をとってもディーゼルの優位は明白である。この事実を知っていながら、ドイツの戦車技術陣は最後まで大馬力のディーゼル・エンジンを造り出すことができなかった。航空機用としては世界でも珍しいディーゼル・エンジンを開発できたのにもかかわらず……。

戦車用ディーゼル・エンジンを完全に実用化できたのは日本とソ連だけであり、アメリカさえも大きく遅れをとってしまっていた。

この点からも、ソ連戦車は高い評価を受けるべきであろう。

次に装甲板の厚さのみを考えれば、

一位　Ⅵ号Ⅱ型　　二〇四ミリ
二位　JSⅠ～Ⅲ　　一二〇ミリ
三位　KV－1　　一二〇ミリ
四位　Ⅵ号Ⅰ型　　一一〇ミリ
四位　M26　　一一〇ミリ

となる。さすがにM26をのぞくすべてがドイツとソ連の戦車に限られている。ただし前述のようにドイツ戦車はすべてガソリン・エンジン、またティーゲルⅠ型は車体、砲塔にアールを持たず、この点をマイナスとしなければならない。すでに激戦の続くヨーロッパの戦場では、装甲厚が一〇〇ミリ以上ないと生存性はかなり低くなってしまっていたのである。

攻撃戦闘力

次に機動力をともなった攻撃力としての攻撃戦闘力の評価に移ろう。これは主砲の威力と機動力の積（カケ算の答え）として表わされる。この数字の大きな戦車はT34／85とV号G型で、この点については専門家もまた一般のファンも納得できるものであろう。とくにT34／85は攻撃／機動力とも大きく、まさに恐るべき兵器といえる。

これに対してV号パンテルでも数値的にはT34／85の約六割の力しか持たない。

これは両者の重量を比較すれば明白であり、たびたび述べているように、ソ連の戦車設計陣の優秀性を如実に示している。

三位にⅥ号Ⅱ型ケーニクス・ティーゲルが入っているのに納得しかねるファンも多いと思うが、ティーゲルの機動力の低さを補ってあまりあるのが、その強大な攻撃力で、これが順位を強引に押し上げているのである。ともかくティーゲルⅡは攻撃に使っても、その効果は大であるから、そう考えれば一応の納得もできなくはない。

次の四位にくるのがM26である。この戦車は、大戦終了直前に誕生したイギリスのセンチュリオンと同様に、大戦後における自由陣営のMBTとなる。もちろんかなりの改良は見られるものの、M26はM46、M47、M48、M60と続く一連の車体の基本型を確立した戦車である。

M26において、アメリカ陸軍はようやく世界水準に達した戦車を持つことができたといえる。もっともアメリカもドイツ、イギリス同様、大馬力の戦車用ディーゼル・エンジンの開発には成功しなかった。

ＪＳⅠの場合はもう少し順位が上がってもおかしくはないが、あくまでもその〝重戦車〟的思想が機動力を低下させている。Ｔ34／85と比較して四〇パーセントも重量が増しているのに、同じ出力のエンジンでは行動力（とくに不整地通過能力）は低下せざるを得ない。

ソ連軍による戦闘時の運用にしても、あくまで主力はＴ34シリーズで、ＪＳシリーズはその火力支援にまわっているようである。順位をつけると、

一位　Ｔ34／85
二位　Ｖ号パンテル
三位　Ⅵ号Ⅱ型ケーニクス・ティーゲル
四位　Ｍ26パーシング
五位　ＪＳⅠ〜Ⅲ

となる。

防御戦闘力

防御戦闘力に関しては、防御力の項でも述べたとおり、主砲が強力で装甲が厚い戦車が上位にくる。陣地に腰をすえて戦うわけだから、機動力はあまり必要としない。また敵に発見

されないためには、全高が小さくなければならない。もし空軍の支援を得られない平地の戦闘となったら、ティーゲルⅡはほとんど無敵であろう。ともかく第二位のＪＳⅠの四〇パーセント増の防御能力である。

一方このティーゲルⅡの弟分にあたるティーゲルⅠがリストに上らないのは、傾斜のない装甲板とガソリン・エンジンの装備がその理由である。また防御戦闘においては、敵に発見されないことが最も重要ともいえる。しかし全高を含んだ数式でも、全高三メートルを超える戦車が多くリストに入っている。ドイツのⅤ号、Ⅵ号Ⅰ、Ⅱ型、ソ連のＴ34／85などがそれである。

ドイツの重戦車群はともかく、Ｔ34／85が三メートルを超えるとは思えないが、これは全長／全幅との関連で低く見えるのかも知れない。一九四五年の満州において、侵入してきたＴ34／85を見た日本軍将兵が「二階建ての戦車がきた」といった事実もあるので、実際の全高はやはり高いといえるだろう。

これらの数値にもかかわらず高順位にあるのは、英、米の戦車の能力が独、ソのものと比較してかなり低いためである。

例によって順位をつけると、

一位　Ⅵ号Ⅱ型
二位　ＪＳⅠ～Ⅲ
三位　Ｍ26パーシング

四位　Ｖ号
五位　チャーチルＭｋⅤ
となって、初めてイギリスのチャーチル戦車が登場する。

総合戦闘力

さて、最終的な評価である総合戦闘力では、文句なくＴ34／85がトップである。Ｔ34／85というより、正確にはＴ34シリーズというべきであろうか。この点については戦車研究家、ＡＦＶファンのすべてが同意すると思うが、ここでもう一つの有力な証拠を示そう。これは、一九五〇年代初頭に、アメリカで発行されたライフ誌の記事である。これは、筆者の資料の中にあるほとんど唯一のアメリカ人研究者による「第二次大戦中の最優秀戦車は」という課題に答えているものである。もちろんこの他にも第二次大戦中の戦車の優秀性に関する記事はいくつか散見されるが、いずれも専門家の議論のみで終わっている。

これに対してライフ誌のものは〝What makes a Good Tank?〟（なにが優秀な戦車を造るのか）〟という題で、この課題を検討している。

大戦終了後間もない頃とあって、表示のデータには大きなミス（たとえばＭ４Ａ３の重量が一六トンとなっている）がところどころに見られるが、記事としてはきわめて詳細なものである。この時期には朝鮮戦争がすでにはじまっていて、アメリカ国内では共産主義に対する激しい反発があった。それにもかかわらずライフの記事は、第二次大戦中の最優秀戦車についてアメリカの専門家のすべてが、T34／85（一部にT34／76、またT34シリーズとして）としている。

アメリカ人としては、国内の状況からいってぜひともM4シャーマン・シリーズを第一位にしたかったのであろうが、技術者として冷静に見た場合、やはりT34がベストといわざるを得なかった。

筆者もこの見方に完全に同意するし、読者の方々も本文の数式から生まれたT34がベストという評価に賛成すると思っている。

なおこれまでの評価をまとめてみると、第二次大戦中の最優秀戦車としては、

一位　T34／85あるいはT34シリーズ

二位　V号パンテル

そして次点としては、出現の時期はあまりに遅いが、M26パーシングが入り込んでくるのである。

さて「第二次大戦中の最優秀戦車は？」の項の最後に、一五種類の比較表（一三〇ページ）を掲げる。

A、B、Cおよびα、β、γ、Rのそれぞれが、どのような要目の組み合わせから算出されるのかは、もう一度別表（一二八ページ）を見直していただきたい。数式の組み立てを慎重に行なえば、数値（指数）は、その戦車の能力を極めて正確に示してくれる。

戦車の数式、指数の説明

下記の数式によって戦車の能力、性能を表示する。

1. 攻撃力：A　主砲の口径：M＊砲身長：L　A＝M＊L
2. 機動力：B　B＝N＊V＊X／K
   1)　エンジン出力：P／戦闘重量：W＝出力重量比：N
   2)　最高速度：V
   3)　ディーゼル・エンジン使用による補正：X　これは航続力に関連
   4)　キャタピラの接地圧力：K（逆数をとる）
3. 防御力：C
   1)　装甲厚さ：a（ただし有効な傾斜の有無で補正）
   2)　エンジンの種類で補正（ディーゼルはプラス）
   3)　被発見率：1／h　全高により補正（全高の逆数を使用）

これら3項により基本的な能力が決定される。

4. 攻撃戦闘力 α：α＝A＊B
   機動力を用いて攻撃する時の能力を示す。
5. 防御戦闘力 β：β＝A＊C
   待ち伏せ、防御戦闘時の能力を示す。
6. 総合戦闘力 γ：γ＝A＊B＊C

これら3項により戦闘能力が決定される。

7. 生産効果比 R:R＝γ／W

戦闘重量1トン当たりの戦闘能力を示す。これは設計の良否、生産効率を示す指数でもある。

基準になる戦車は、いずれも旧ソ連の

T34／76（1944年型）…大戦後第1、第2世代。

T54／55（あるいは59式）…大戦後第3、第4世代〜。

すべての戦車の能力の判定はこの数式を用い、かつ指数化して行なう。数値の大きい方が能力が高いと考えて良い。

大戦中の日本、イタリアの戦車は論外として、アメリカ、イギリスの戦車であっても、ドイツ、ソ連のそれには大きく劣っている。

また戦車の能力の差についてさえ、数値は我々に教えてくれているのである。

ここでの計算基準はソ連陸軍のT34／76（一九四二年型）を採用したが、その理由はこの戦車が当時もっとも大量に生産されていたからにほかならない（一三二ページ）。

基準の戦車 :T34 ／ 76

攻撃力	機動力	防御力	攻撃戦闘力	防御戦闘力	総合戦闘力	生産効果
A	B	C	α	β	γ	R
100	100	100	100	100	100	100
147	148	145	315	178	318	278
168	54	243	221	336	223	136
96	50	76	40	74	37	49
116	45	101	58	109	53	59
168	70	138	179	196	164	102
158	38	138	90	182	83	42
201	31	255	176	419	160	64
95	15	128	20	123	18	13
55	11	110	7	60	7	7
99	28	70	29	81	26	20
144	55	151	133	199	121	81
72	62	69	31	52	34	51
91	52	69	33	61	33	49
61	40	55	10	26	13	28

第二次大戦中の主力戦車の能力比較

要・項目	主砲口径	戦闘重量	最大出力	出力重量比	接地圧力	最大速度
記号／車種	A mm	W トン	P HP	N P／W	K W／㎡	V km／h
T34／76	76	28	500	17.9	6.6	53
T34／85	85	32	500	15.6	5.1	53
JSⅢ	122	46	600	13.0	8.2	37
Ⅲ号L型	50	21	300	14.3	9.4	40
Ⅳ号G型	75	25	300	12.0	8.9	40
Ⅴ号	75	45	700	15.6	8.7	47
Ⅵ号Ⅰ型	88	56	700	12.5	10.4	38
Ⅵ号Ⅱ型	88	70	700	10.0	10.2	38
チャーチル	57	40	340	8.6	9.2	25
マチルダ	37	27	190	7.4	11.0	24
シャーマンM4	76	36	400	11.2	9.0	35
M26	90	42	500	11.9	8.9	50
一式中	47	17	240	14.0	7.0	44
三式中	75	19	240	12.6	7.2	40
M13／40	47	13	125	9.6	7.3	30

基準とした戦車

1） T34/76　　1941年

2） T34/85　　1944年

3） T54/55　　1955年

4） レオパルドⅡ　　1985年

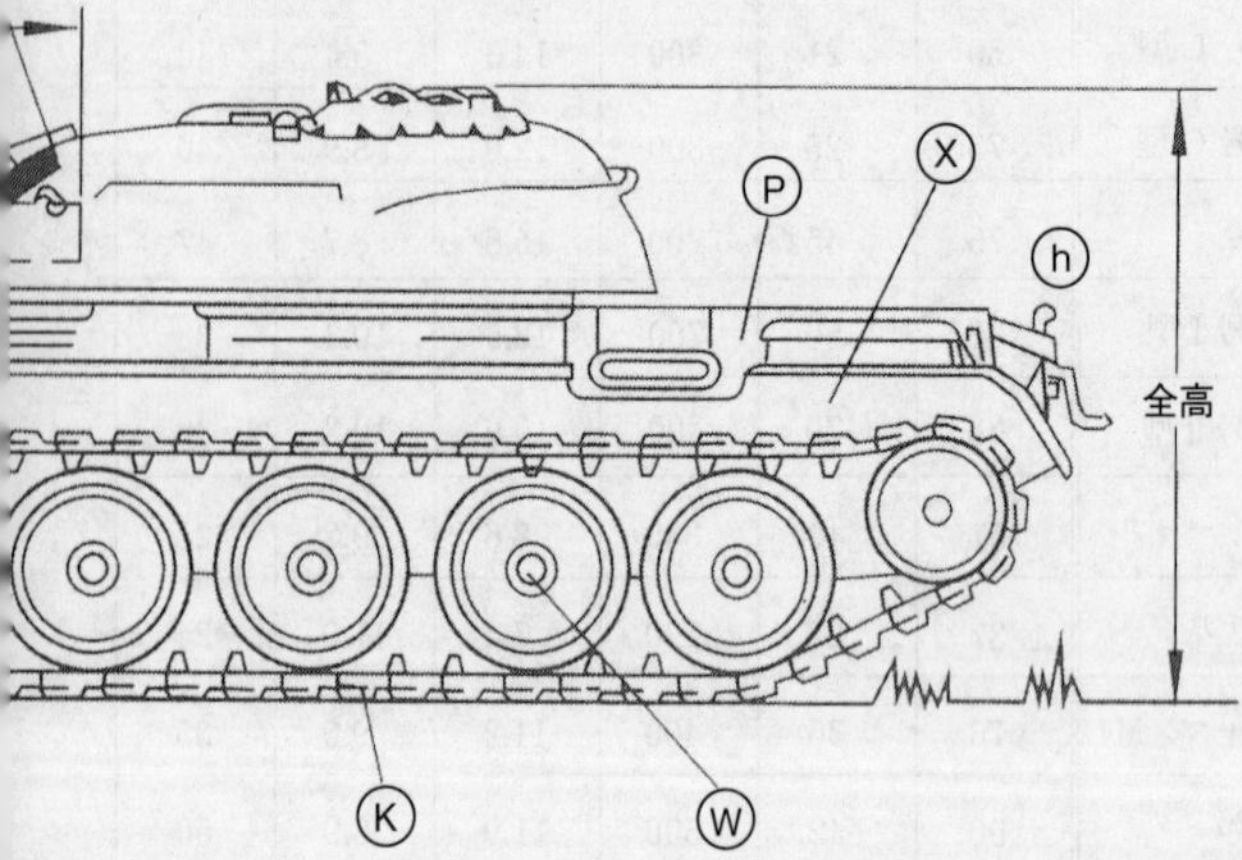

能力判定に算入した数値

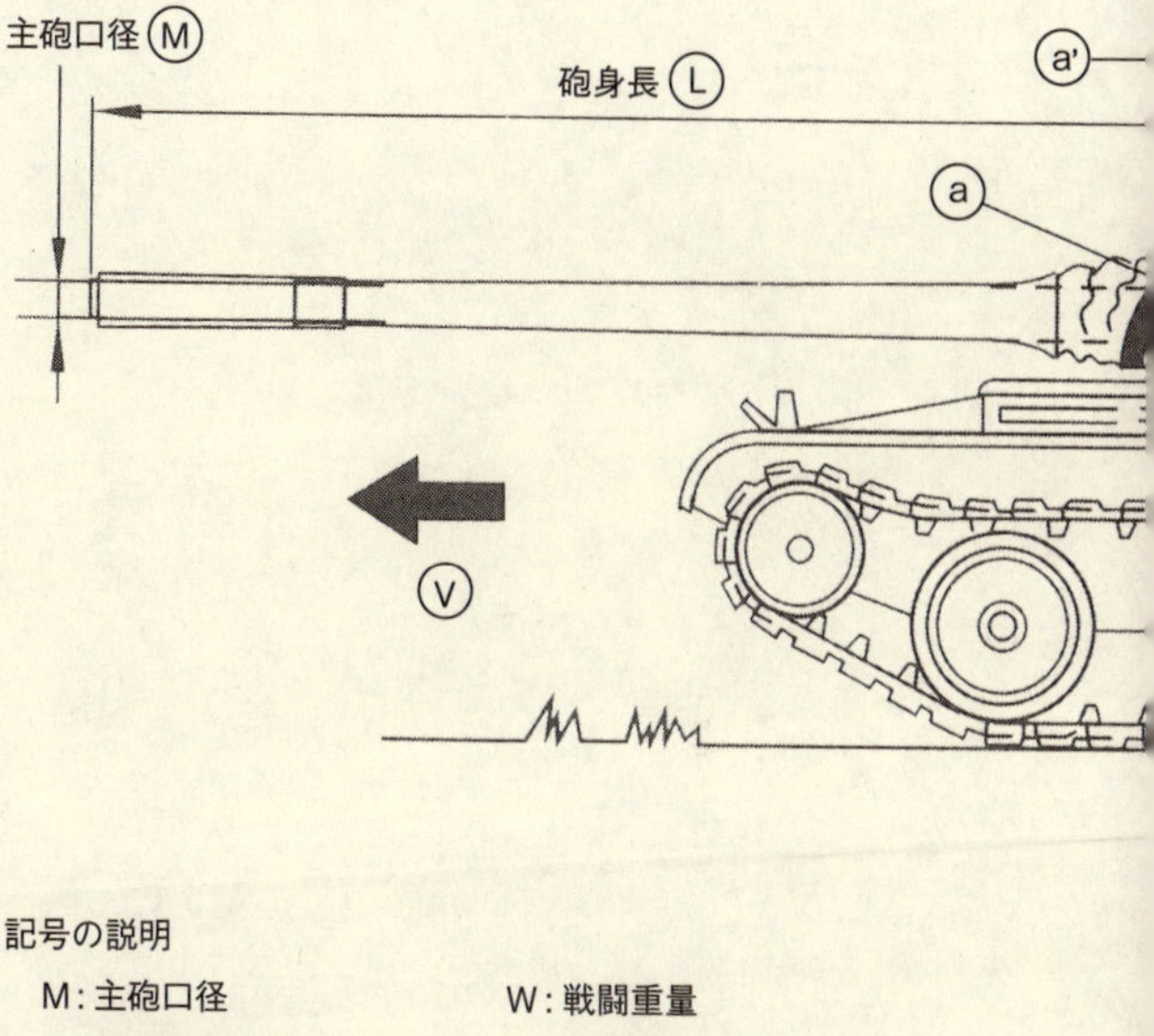

記号の説明

M：主砲口径
L：砲身の長さ
a'：装甲の傾斜の有無
a：装甲の厚さ
P：最大出力
W：戦闘重量
V：最高速度
H：全高
K：接地圧力
X：エンジンの種類

戦車についての各国の思想

この頃では、当時の戦車の保有国が考えていた「戦車というものをいかに使用するか」、または「戦車とはどうあるべきか」という基本理念について論じてみよう。

第二次大戦中はもとより大戦後現在に至るまで、戦車という兵器に対する理解の正しさと、その方向が陸上戦闘に重要な影響を与える。したがって、この点を研究することにより、今後日本がどのような戦車を、どれだけの数量保有すべきかという問題についての答えもある程度得られるのではないかと思う。

戦争という悲劇はいかなる手段を使っても避けるべきではあるが、国民の合意の上で一定の戦力を保持するのであれば、その最も効果的なあり方と運用は、平時にこそ研究されねばならない。

そのための一助として各国の〝戦車の思想〟を論ずることはきわめて有効であろう。

ソ連

まずソ連の戦車に対する考え方を冒頭にもってきたのは、第二次大戦において戦車に対する考え方が正しかったからである。

ソ連の場合、最初に考慮されたのは戦車の数を揃えるということである。前にも述べたように、第二次大戦開始時のソ連の保有戦車数は、他のすべての国の合計数を上まわっていた。それらはBT7、T26などの軽量の戦車であるが、数的には二万台に達していた。

独ソ戦開戦時、ドイツ軍は三五〇〇台の戦車をもって、多少性能の劣る一万数千台のソ連軍戦車と対戦した。開戦後一年間にドイツは一万二〇〇〇台以上のソ連戦車を撃破したが、もしソ連の戦車保有量が、ドイツなみの四〇〇〇台であったなら、首都モスクワはまちがいなく陥落していたであろう。

しかし、ソ連は戦車の数をそろえることだけを考えていたのではない。その証拠がT34である。これはまさにソ連邦の救世主となった戦車で、T34は、他のすべての戦車を一夜にして時代遅れのものとしてしまった。

工作精度に雑な部分は残るものの、このT34に匹敵する戦車は、時期を考えれば他国に存在しなかった。そして同時に評価されるべき点として、ソ連首脳部がこのT34シリーズに的を絞って大量生産したことである。

他のKV、JSシリーズなどはあくまで脇役として考え、全力を挙げてT34の大量生産を押し進めた。

この思想が、次々と新型戦車を投入してくるドイツ軍に対して、いつでも戦車数で上まわることができた一因でもある。

一九四三年におけるドイツとソ連の戦車の生産台数は、一対三・五となっている。ドイツは戦線を東西にもっていたので実質的な比率は一対五であったろう。優れた戦術、有能な将兵を有していても、小勢り合いならいざ知らず、敵を破ることができる兵力比は一対二〜三が限度である。とすれば、いつもそれ以上の数的優勢を保ったソ連の考え方は完全に正しかったといえる。

また同時に、十分な数と優秀な設計陣を持っていながら、ソ連は戦車に関してつねに慢心することがなかった。敵国の情報をあらゆる手段を使って収集し、その分析を怠らなかった。そして敵のそれよりも常に一歩先を行く、新型の戦車の開発を押し進めたのであった。

日本

日本陸軍には、冷静に自身の戦力を分析するという最も重要な、またごく当たり前のリベラリズムが存在しなかったように思える。

とくにソ連との何回かの国境紛争（張鼓峰、ノモンハン事件）においてあらゆる兵科（航空、砲兵、機甲、そして補給）で惨敗したにもかかわらず、その対応はほとんど行なわれなかった。

戦車についても同様である。ノモンハンでBT7、T26Cの四七ミリ砲によって、新鋭の九七式中戦車が完全にノックアウトされたにもかかわらず、二年以上のちの太平洋戦争の緒戦において、再びアメリカ軍のM3軽戦車に打ち負かされている。

もし日本陸軍が自軍の戦車の能力を向上させようとする意志があったなら、ドイツという盟友からの情報を得るなどの手段はいくらでもあったはずである。戦車生産力の点で欧米にかなわないと思えば、少なくとも個々の戦車の能力を飛躍的に向上させる努力を考慮すべきであった。

日本陸軍の白兵至上主義は、この戦術が最も安価で、また訓練も容易であるといった点からきているようである。戦車、大口径砲、航空機という近代兵器を有効に使用するための〝科学的素養〟の欠如が、日本陸軍には数多くみられる。願わくば陸上自衛隊にはこの轍を踏んでもらいたくないと痛感する。

ドイツ

大戦前から戦車というものの概念を最も正確に把握していたのはドイツ陸軍である。とくに戦車個々の能力ということより、それを集団的に運用した場合、どれほどの効果があるかという見通しをグデーリアンや一部の将校ははっきり持っており、これを現実化したのはドイツだけであった(同じ思想を航空母艦について抱いていたのは日本海軍だけである)。

この戦車の集団使用の結果は、対ポーランド、フランス戦で明らかとなった。ある面では機甲戦の専門家の予想をはるかに上まわるほど効果的であった。

これは一方で、兵力が劣っていても大敵を撃滅できるといった誤った判断をドイツ軍に与え、他方では自軍の戦車の能力を過信させる結果となった。

この二つの点が、大国ロシアに侵入したときにはっきりと裏目に出て、それまで無敵を誇っていたドイツ陸軍の敗因となったのである。

戦車そのものについて言及するとすれば、技術面においてドイツはソ連に立ち遅れていたと言わざるを得ない。その第一は、たびたび述べているが、やはり大出力のディーゼル・エンジンを開発できなかったことにある。その他にも数多くのマイナス面が見受けられるが、ドイツ軍は戦術と乗員の質でそのマイナスを補って戦い続けた。

もしドイツ側がT34と同じような戦車を持って独・ソ戦を開始していたら、終局的な勝利は別としてもモスクワ占領は可能であったとも思われる。この意味では、ポーランド、フランス戦の勝利に酔い、自軍の戦車の能力を過信し、また敵国の情報収集を怠った代償はあまりに大きい。

また、話は少し変わるが、なぜドイツ陸軍は大戦末期にマウス（重量約一八〇トン）、E100（同一四〇トン）などの超大型戦車の開発に手をつけたのであろうか。このような巨大戦車に一体何を期待していたのであろうか。

タンク・トランスポーターや鉄道貨車でも運べない戦車を生産したところで、それはコンクリートの砲台を造るのと同じ意味しかない。いわゆる〝機動戦〟を知らないアメリカやイギリスが、トータス超重戦車やT28駆逐戦車を造るというならわからないでもないが……。

しかし電撃的な機動戦によって勝利をおさめたドイツ陸軍が、ほとんど実用化の見込みのないマウス、E100を開発するなど理解に苦しむ。ドイツ陸軍は戦局の悪化とともに、武装と防御力の強化を重視するあまり、機動力の必要性を忘れて行ったようだ。ドイツが大戦初期に見せた機動戦に対する正しい理解は、戦争の進展とともに退化したと考えざるを得ない。

イタリア

海、空軍はともかく、イタリア陸軍は十分な準備もなく戦争に突入した。とくにその戦車群はすべて小型軽量のものであり、実際の戦闘力は弱体の日本戦車をすら下まわるものであった。

強力な戦車を製造し、保有しようとする努力はその後もあまり行なわれず、一九四二年に完成した主力戦車でさえ七五ミリL18という貧弱な短砲身砲を持っていた。

このイタリアは、盟邦ドイツの電撃戦に刺激されて大戦に突入したが、大きな戦闘に一度も勝利を得ることなく早々と敗戦に向かう。

したがって、大規模な戦車戦が行なわれた北アフリカに最も近い国でありながら、その戦車はドイツ機甲部隊の有力な一部を構成できなかったばかりか、場合によっては足手まといであった。イタリア軍は、空軍が戦略的思想を持っていただけで、陸軍、海軍とも何の計画もなく戦争に参加したのである。

イタリアには開戦以前から、日本と違って、ある程度大きなスケールを持つ自動車工業が存在しており、Ⅲ号戦車クラスのものはノックダウン生産が可能ではなかったかと思われる。しかし実際には、一九四二年の終わり頃には連合軍は有効な戦力としてのイタリアの存在を無視していたようである。第二次大戦におけるイタリアの準備不足の参戦→勝利なき戦闘→敗北に至るプロセスを考えるとき、ムッソリーニの国策には首をかしげるばかりである。

イギリス

イギリスの戦車思想はリデル・ハート以下、理論的には機甲戦術の先覚者を多く出しながら、古く、また混乱したものであった。まず巡航戦車（Cruiser Tank）と歩兵戦車（Infantry Tank）という二種の戦車を造ろうという思想も新旧の混合であり、決して先見性があったからではない。

なお巡航戦車とは高速で機動力重視、歩兵戦車とは低速で防御力重視の戦車である。

第一次大戦の後半ならこの用法も適合したかもしれないが、機動戦が主となり、機甲兵力の衝突で勝敗が決まるようになった大戦中期には、もはやこの思想は時代遅れになっていた。たしかに緒戦におけるマチルダなどの強力な装甲は、ドイツ軍を驚かせるには十分であったが、わずか二〇キロ／時という速力ではMBTとは到底なり得ない。

一般的にイギリスの戦車設計思想は、第二次大戦中さえ迷い続けており、一九四五年春のセンチュリオン戦車の登場まで混乱していた。

イギリスは大戦中にドイツと同量の戦車を生産しながら、とりたてて言及するほど活躍した車輌を造っていない。性能的にはかなり向上したクロムウェル、コメットも、全体的にみればT34はもとより、出現を時間的にみるとドイツのⅣ号長砲身型やM4シャーマンよりかなり遅れていることがわかる。

イギリスは元来保守的な国ではあるが、とくに陸軍はその感が強い。しかしセンチュリオンを配備して以降のイギリスは、常に世界最強ともいえる戦車を世に送り出すことに成功している。傑作戦車センチュリオンを入手したことによって、イギリス陸軍はやっと万能に近い戦車を得た。それと同時にイギリスは、たとえ数が少なくとも強力な戦車を保有することが、自分たちの進むべき道であると悟ったに違いない。そしてそれがチーフテン、チャレンジャーとして具現化したのであった。

アメリカ

M3軽、M4中戦車の二種だけで、アメリカ陸軍は第二次大戦を戦い抜いたといっても過言ではない。M3、M4とも特に優れた戦車というわけではないが、膨大な数量をもってドイツを圧倒した。

M4中戦車の評価はすでに行なわれており、その能力はⅣ号戦車後期型ならびにT34／76とほぼ同等であるが、戦車設計の技術的バランスはソ連、ドイツより少し遅れていたと考えられる。

その証拠の一つが、M4シリーズのサスペンションで、ソ連がクリスティー・タイプのトーションバー式でT34シリーズを一貫させていたのに対し、M4はいくつかの方式を選択している。また生産性の問題もあるものの、大出力のディーゼル・エンジンを開発できなかった点もマイナスである。

どうもアメリカ陸軍は、自国の強力な空軍を頼りにし過ぎるせいか、現在のM1エイブラムズを除いては性能的に世界をリードする戦車を生み出そうとする努力を試みなかったといえる。搭載砲の口径も常にソ連、ドイツ、イギリスより小さく、エンジンについてもM1を除けばオーソドックスである。

また戦車の用法に関しても、あまり独自の思想は持っておらず、単に数さえ揃えればよいという感が強い。しかし、この特徴のなさ、すなわち平凡性が実はアメリカの強味であって、これがいろいろな面における対応力を高めているといえる。しかし第二次大戦末期、ヨーロッパに押し寄せたシャーマンの大群が、西部戦線の質的にはより優れたドイツ戦車を圧倒できたのは、空軍の支援があったからで、これがなかったらアメリカ陸軍機甲部隊は、ドイツ戦車部隊によって大打撃を被ったであろうことは疑いない。

しかしその一方で、五～六万台という大量の生産が行なわれたM4シャーマンの〝数の威力〟もまた、無視できぬものではあった。大戦中のドイツのAFV（戦車、装甲車、自走砲）は合計六万五〇〇〇台と言われている。そのうち戦車に限れば一万五〇〇〇～二万台であろうか。それに対してアメリカは合計一八万台、戦車だけでも八万台も生産しているのであった。

付1　第二次大戦終了までの主要戦車全データ

ノモンハン事件、スペイン内戦で活躍したBT7軽戦車

戦車名：BT5／7、登場年度：1938年、種別：軽／中戦車、国名：ソ連、乗員数：4名、戦闘重量：13.8トン、自重：10.4トン、接地圧：7.5トン／m^2、全長・全幅・全高：4.8m・2.3m・2.2m、エンジン：空冷ディーゼルV型、出力：450HP、出力重量比：33HP／トン、最高速度：53km／h、航続距離：280km、主砲口径：45㎜、砲身長：46、威力数：2070、副武装／機関銃：7.9㎜×1梃、装甲：最厚部28㎜。（注）データはBT7のものである。

BT5 ／ 7 軽戦車

（ソ連）

高速戦車を示すBTの記号を付けた軽戦車（重量12.5トン）であるが、主砲は強力な45L46（後期型）を装備していた。この戦車がソ連では大戦初期までMBTとして扱われていたことは、主砲の威力によると思われる。

九七式中戦車（15トン）が170馬力のエンジンを装備していたのに対して、このBTは400馬力と大出力であったため、運動性は抜群であった。

1939年のノモンハン事件では、45ミリ砲と機動性を生かして活躍し、歩兵を主力とした日本陸軍部隊を潰滅状態に追い込んだ。

独・ソ戦開戦時には1万台以上のBT系戦車が配備されていたが、用兵のミスから大打撃を受ける。しかし性能的にはドイツのⅠ、Ⅱ号戦車よりも優秀であった。この戦車の性能に自信を得たソ連陸軍は、同型式のサスペンションをそなえたMBTの決定版ともいえるT34シリーズの開発を目指すことになる。

アメリカ陸軍をはじめ多くの国で使用されたM3スチュワート軽戦車

戦車名：M3／5スチュワート、登場年度：1940年、種別：軽戦車、国名：アメリカ、乗員数：4名、戦闘重量：12.5トン、自重：9.4トン、接地圧：7.4トン／m^2、全長・全幅・全高：4.5m・2.2m・2.5m、エンジン：空冷星型ガソリン、出力：250HP、出力重量比：20.3HP／トン、最高速度：56km／h、航続距離：180km、主砲口径：37㎜、砲身長：53、威力数：1961、副武装／機関銃：12.7㎜、7.7㎜各1梃、装甲：最厚部38㎜。（注）データはM3型。

M3／5軽戦車
（アメリカ）

ハニーあるいはスチュワートと呼ばれたこの軽戦車は、全高の大きい点をのぞけば極めて優れたものであった。1940年から生産が開始され、1944年に終了するまでに1万台を超えるM3が生み出された。

戦闘重量12.5トンという軽い戦車であるが、装甲は43ミリ（M5）と強力で、非常に威力のある37L57（一部は37L60）砲を装備していた。この砲は口径こそ37ミリであるが、高初速で、これによってM3の能力を高いものにしている。

また走行速度も時速60キロに近く、不整地走行能力も大きい。したがってM3軽戦車は東部戦線をふくむ世界中の戦場に、手軽に運用できる偵察用AFVとして登場している。主砲が後期型であっても37ミリであるので対戦車戦闘は不可能であるが、他の用途には有効な兵器であり、大戦終了時まで活躍を続けた。

M3軽戦車は第2次大戦でもっとも優れた軽戦車と評価されている。

イギリス陸軍の低速の歩兵支援用戦車 Mk Ⅱマチルダ

戦車名：マチルダⅡ、登場年度：1940年、種別：歩兵支援用戦車、国名：イギリス、乗員数：4名、戦闘重量：27トン、自重：20トン、接地圧：11トン／m^2、全長・全幅・全高：5.6m・2.6m・2.5m、エンジン：水冷ガソリン12気筒、出力：190HP、出力重量比：7.4HP／トン、最高速度：24km／h、航続距離：260km、主砲口径：37㎜、砲身長：45、威力数：1665、副武装／機関銃：7.7㎜×1梃、装甲：最厚部80㎜。

マチルダⅡ型歩兵支援用戦車（イギリス）

1936年に設計されたマチルダⅠの後継として開発された低速の重戦車であり、大戦初期のフランス、中期の北アフリカでは英陸軍機甲兵力の中心であった。歩兵戦車はその名のとおり、あくまでも歩兵の直接支援を目的として設計されたもので、防御力に主眼をおいた戦車であった。

ドイツ軍とくらべて弱体の英軍の中にあって、80ミリという厚い装甲を誇るこのマチルダⅡは、低速ながら大いに活躍し、その装甲を撃ち破る対戦車兵器を持たないドイツ軍を苦しめた。この状況がドイツ軍に、本来高射砲であった88ミリ砲の対戦車砲への転変を示唆したのである。

わずか190馬力という低出力がマチルダに与えたのは時速24キロという低速で、もしもっと強力なエンジンが搭載されていたら、この戦車はより高い評価を受けていたに違いない。また小さな砲塔のため、大口径砲を装備することができず、マチルダⅡは大戦中期には戦場から姿を消した。

第2次大戦初期にドイツ陸軍の中核であったⅢ号中戦車

戦車名：Ⅲ号戦車、登場年度：1941年、種別：中戦車、国名：ドイツ、乗員数：4名、戦闘重量：21トン、自重：15.8トン、接地圧：9.5トン／m^2、全長・全幅・全高：5.5m・3.0m・1.9m、エンジン：直列ガソリン12気筒、出力：300HP、出力重量比：14.6HP／トン、最高速度：35km／h、航続距離：180km、主砲口径：50㎜、砲身長：42、威力数：2100、副武装／機関銃：7.9㎜×2梃、装甲：最厚部40㎜。（注）データはH型のものである。

Ⅲ号中戦車
（ドイツ）

Ⅳ号戦車と共に、大戦初期ドイツ電撃戦の主役を務めた軽量の中戦車である。初期型は37L45砲を装備していたが、敵戦車の威力増加にともない50L42、50L60と主砲の力の向上がはかられた。

もっとも50ミリ砲ではいくら長砲身であっても威力は不足しはじめ、Ⅲ号戦車は、より大口径の砲を装備できる自走砲へと変身を余儀なくされる。

一方、車体に関する基本的な設計は優秀であり、機械的な信頼性は高かった。このためⅢ号戦車の車体を利用した突撃砲、自走砲とも成功し、生産されたⅢ号戦車の派生型のいずれも大活躍している。Ⅲ号シリーズの全生産数は1万5000台に達し、これはドイツ戦車の中では最多である。

Ⅲ号戦車の大部分のタイプは20トン未満であり、この重量の戦車としてはその能力は十分で、これが戦争初期にⅢ号を主役に押し上げた要因であろう。

日本陸軍の主力であった九七式中戦車改

戦車名：九七式新砲塔チハ車、登場年度：1942年、種別：中戦車、国名：日本、乗員数：4名、戦闘重量：16トン、自重：12トン、接地圧：6.6トン／m^2、全長・全幅・全高：5.5m・2.3m・2.3m、エンジン：空冷ディーゼル統制型、出力：170HP、出力重量比：11HP／トン、最高速度：38km／h、航続距離：240km、主砲口径：47㎜、砲身長：48、威力数：2256、副武装／機関銃：7.7㎜×2梃、装甲：最厚部25㎜。

九七式中戦車

（日本）

第2次大戦中の日本陸軍のMBTがこの九七式中戦車である。初陣はノモンハン事件であるが、最新鋭の九七式もソ連のBT7、T26のために大きな損害を被った。

主砲が八九式と同じ57L18では、いかんともしがたく、1942年からは順次47L48砲装備型が出現した。しかしこの47ミリ砲でも各国の中戦車より性能的に大きく立ち遅れ、ようやく“列強の軽戦車並み”と考えられる。

しかし総計で2500台（派生型を含む）製造された九七式中戦車は、次期戦車の開発の遅延のため大戦全般にわたり、日本陸軍のMBTの地位に留まらざるを得なかった。そのため戦争後半におけるM4シャーマン中戦車との戦闘では、常に敗退を続けた。

種々の改良を実施した一式中戦車においても、主砲、装甲はそのままであったので、結局敵の中戦車に対抗することはかなわず、日本陸軍が戦車戦に大きな勝利を得る機会は皆無のままで終わった。

全期間を通じて実質的な主力戦車であったⅣ号戦車

戦車名：Ⅳ号戦車、登場年度：1942年、種別：中戦車、国名：ドイツ、乗員数：5名、戦闘重量：25トン、自重：18.8トン、接地圧：8.9トン／m^2、全長・全幅・全高：5.6m・3.0m・2.2m、エンジン：ガソリン12気筒、出力：300HP、出力重量比：15.6HP／トン、最高速度：40km／h、航続距離：160km、主砲口径：75㎜、砲身長：43、威力数：3225、副武装／機関銃：7.9㎜×1挺、装甲：最厚部50㎜。（注）データはF_2型のものである。

Ⅳ号中戦車
（ドイツ）

1938年から1945年にいたる8年間、Ⅳ号戦車はドイツ陸軍の主力戦車として活躍し、実に9000台以上が生産された。75L24、75L43、75L48とその主砲の威力はたび重なる改修によって増大し、後期型は初期型の2倍の戦闘能力を有するまでになっている。

ただしこの改良（特に主砲）の時期は常に遅れがちであり、大戦初期の東部戦線においてドイツ陸軍が苦杯をなめる一因であった。

このⅣ号戦車が最初から75L48（43であっても）砲を装備していたら、評価は格段に高いものとなっていたであろう。

しかし信頼性が高く、扱いやすいⅣ号戦車は大戦中期以降もドイツ陸軍機甲部隊の中心となって活躍し、それは終戦まで続いた。ドイツ軍将兵が、本戦車に与えた“軍馬”という呼称は、この車輌に対する信頼と敬意を示すものであろう。

アメリカ陸軍第4機甲師団のM4シャーマン戦車

戦車名：M4、登場年度：1942年、種別：中戦車、国名：アメリカ、乗員数：5名、戦闘重量：34トン、自重：26トン、接地圧：9.2トン／m^2、全長・全幅・全高：5.9m・2.6m・2.7m、エンジン：空冷星型ガソリン9気筒、出力：400HP、出力重量比：12HP／トン、最高速度：42km／h、航続距離：160km、主砲口径：75㎜、砲身長：41、威力数：3075、副武装／機関銃：12.7㎜、7.7㎜各1梃、装甲：最厚部105㎜。

M4シャーマン戦車
（アメリカ）

シャーマンと名付けられたこの30トン級MBTは1942年から登場し、大戦中期以降、世界中の戦線に姿を現わした。その主砲75L41は独Ⅳ号戦車の75L43、75L48と比較しても同等以下の能力しかなく、それほど強力な戦車ではない。

しかしこの戦車の威力は個々の能力ではなく数量であり、アメリカ、カナダでの生産数は6万台に近く、これがドイツの重戦車群を完全に圧倒した。

またシャーマンのエンジン、サスペンションなどは、M2、M3などの中戦車と同様であるため、機械的信頼性は高く、この点が大きな長所であった。

さらに目立たない部分（たとえば射撃管制システム、耐弾防御システム）はアメリカの最新技術が数多く取り入れられている。

すでに設計から半世紀以上たった現在でも、シャーマン戦車は少数が発展途上国において現役として存在している。

第２次大戦の中期から登場したドイツ陸軍のⅥ号Ⅰ型ティーゲル戦車

戦車名：Ⅵ号Ⅰ型ティーゲル、登場年度：1942年、種別：重戦車、国名：ドイツ、乗員数：５名、戦闘重量：56トン、自重：42トン、接地圧：10.4トン／m^2、全長・全幅・全高：6.7m・3.4m・3.1m、エンジン：水冷ガソリン12気筒、出力：700HP、出力重量比：12.5HP／トン、最高速度：38km／h、航続距離：120km、主砲口径：88㎜、砲身長：56、威力数：4928、副武装／機関銃：7.9㎜×３梃、装甲：最厚部110㎜。

Ⅵ号戦車ティーゲル
（ドイツ）

1942年後半に登場したドイツ陸軍の重戦車であり、わずか1400台しか生産されなかったにもかかわらず、“虎”のニックネームでその名を歴史にとどめている。技術面では二重転輪の足回り以外、特にみるべき点はないが、高射砲から発達した88L56砲は、当時世界最強の戦車砲であった。

また避弾経始は全く考慮されてはいないものの、100ミリ厚の前部装甲板の効果は十分で、いったん防御戦闘に入れば、その能力は敵軍の予想を超えるものであった。

しかしティーゲルⅠ型は総体的にはⅢ号、Ⅳ号と続く旧型のドイツMBTの発展型と考えてよく、ドイツ戦車設計陣がこの時点ではソ連の戦車技術に遅れていたことの証明でもある。別な意味ではこのティーゲルⅠ型は第2次大戦型の最後の戦車といえるであろう。ドイツ陸軍が1944年8月をもって、この戦車の製造を打ち切った事実も、これを示している。

第2次大戦中期以降におけるソ連陸軍の主力戦車 T34／76

戦車名：T34／85、登場年度：1943年、種別：主力戦車、国名：ソ連、乗員数：5名、戦闘重量：32トン、自重：24トン、接地圧：5.1トン／m^2、全長・全幅・全高：7.5m・3.0m・2.7m、エンジン：ディーゼルV型12気筒、出力：500HP、出力重量比：15.6HP／トン、最高速度：53km／h、航続距離：320km、主砲口径：85㎜、砲身長：54、威力数：4590、副武装／機関銃：7.6㎜×2梃、装甲：最厚部95㎜。（注）データは最終生産型のもの。

T34 ／ 76～85

（ソ連）

1941年末に登場したソ連のMBTであり、その優れた設計陣の努力によって、現代の戦車の基本となり得るものであった。最初に登場したタイプは76L31砲を備えていたが、それは最終的に85L55砲までに発展した。

このT34シリーズは大戦中の全期間、ソ連陸軍の中核として戦い続け、その生産量は5万台で、アメリカのシャーマンと共に他の戦車を寄せつけない。唯一の欠点は初期型においては乗員が4名であったこと、全般的に無線装置の能力が低かったことが挙げられる。

しかし高い運動性、強力な火力、強靭な装甲は、それまで無敵を誇ったドイツ戦車群を一夜にして旧式なものに変えてしまった。そしてT34の最終生産型であるT34／85は、戦後にいたっても約1万台製造され、中東、東南アジア、東ヨーロッパの国々でひろく使用されている。このことはT34シリーズの優秀性を何よりも雄弁に物語っている。

ドイツ陸軍最後の主力戦車となったV号戦車パンテル

戦車名：V号戦車パンテル、登場年度：1943年、種別：主力戦車、国名：ドイツ、乗員数：5名、戦闘重量：45トン、自重：34トン、接地圧：8.7トン／m^2、全長・全幅・全高：6.9m・3.4m・3.1m、エンジン：空冷ガソリン12気筒、出力：700HP、出力重量比：15.6HP／トン、最高速度：47km／h、航続距離：180km、主砲口径：75mm、砲身長：70、威力数：5250、副武装／機関銃：7.9mm×3挺、装甲：最厚部100mm。

V号戦車パンテル
（ドイツ）

東部戦線に出現したソ連の新鋭戦車T34に対するドイツ陸軍の回答がこのV号戦車“豹”である。それまでのMBTであるⅣ号戦車と比較して、形状、攻撃能力とも格段の進歩をみせている。

このV号戦車は初期には種々の故障が多かったものの、その後しだいに実力を発揮し、ドイツ陸軍の新しいエースとなった。

主砲の口径は75ミリで、それほど大きくはないが、砲身長は70と長大であり、その威力はティーゲルⅠ型の88L56砲を凌いだと言われている。

46.5トンという重戦車級の戦闘重量をより軽く、またT34シリーズなみの生産数を確保できれば、ヨーロッパ戦域の状況も変え得たかも知れない。約6000台生産されたこのパンテルは、そのうちの数十台が戦後フランス陸軍の機甲兵力の中核をなし、1950年代前半になっても同陸軍によって使用され続けた。

122ミリ砲を装備したソ連陸軍のJS Ⅲ重戦車

戦車名：JS Ⅲヨセフ・スターリン、登場年度：1944年、種別：重戦車、国名：ソ連、乗員数：5名、戦闘重量：46トン、自重：34.8トン、接地圧：8.2トン／m^2、全長・全幅・全高：9.9m・3.2m・2.41m、エンジン：水冷ディーゼル12気筒、出力：600HP、出力重量比：13HP／トン、最高速度：37km／h、航続距離：240km、主砲口径：122㎜、砲身長：43、威力数：5246、副武装／機関銃：14.5㎜×2梃、装甲：最厚部160㎜。

JS Ⅲ型重戦車
（ソ連）

KV重戦車のサスペンションを利用して新しく車体、砲塔を設計し、完成したのがヨセフ・スターリン（JS）重戦車シリーズである。初期のタイプは85L54砲を装備していたが、JS Ⅲより最強力の122L43砲が取り付けられ、最厚部160ミリの装甲と共に最強のソ連重戦車となった。

しかし戦闘重量は45トンを多少上回る程度であり、ほぼ同様の威力を持つドイツ戦車が50～70トンに達したのと比較すると、ソ連技術陣の優秀さがわかる。

1944年末よりJSシリーズの最終型JS Ⅲ型が登場しているが、これは半球形の砲塔と、完全に近い避弾経始を有する車体をもっていた。同時期に出現したⅥ号Ⅱ型と比べても設計は確実に進歩している。しかしJSシリーズのエンジンの出力は不足気味であり、この点は最終生産型であっても、完全に回復されていない。戦後になってこのJS Ⅲより改良型のT10が生産された。

第2次大戦におけるアメリカ陸軍の最強の戦車M26パーシング

戦車名：M26パーシング、登場年度：1944年、種別：重戦車（のち中戦車に）、国名：アメリカ、乗員数：5名、戦闘重量：42トン、自重：39トン、接地圧：7.8トン／m^2、全長・全幅・全高：7.3m・3.5m・2.8m、エンジン：ガソリンV型8気筒、出力：500HP、出力重量比：12.8HP／トン、最高速度：48km／h、航続距離：180km、主砲口径：90mm、砲身長：50、威力数：4500、副武装／機関銃：12.7mm×1梃、7.7mm×2梃、装甲：最厚部110mm。

M26パーシング戦車
（アメリカ）

信頼性は高いものの、戦闘能力としてはドイツ戦車に大きく劣るシャーマンに落胆したアメリカ陸軍が、終戦直前に完成させた重戦車である。

1943年末から終戦までに2500台が生産され、ごく少数がドイツへ送られたが、実戦に参加したのは10台前後である。このM26の主砲は90L50であり、米陸軍は、終戦直前になってやっとドイツ軍戦車に対抗できる重戦車を配備することができた。

結局M26の活躍の場は第2次大戦ではなく、5年後の朝鮮戦争であった。

この戦車は設計の期間が短かったにもかかわらず、きわめて洗練されたもので、その後のM46、M48、M60と40年にわたるアメリカのMBTの基本となっている。外観もこれらの戦車はM26と酷似しており、基本的な設計が優れていたことを証明している。

しかし戦車用ディーゼル・エンジンの開発に手間どり、この点がM26のウイークポイントであった。

第2部　第二次大戦終了後の戦車

第二次大戦後の戦車

四つの世代について

地球上の先進国のすべてを巻き込んだ第二次大戦は、六年の歳月と三二〇〇万人という莫大な犠牲を出したのち、一九四五年八月に終結した。しかしその悲惨な結果にもかかわらず、その後も戦争は規模こそ大きくないものの現在にいたるまで、世界のどこかで絶え間なく発生している。その紛争、戦争のほとんどすべてに戦車は登場し、ある戦いにおいては決定的な兵器でもあった。

この項では大戦終了から現在（湾岸戦争当時）まで、次々と登場した戦車の能力について、第二次世界大戦の場合と同様にその評価を試みてみよう。

まず最初に説明しておくべきことは、大戦後のすべての戦車を、同一の基準で評価できない、ということである。なぜなら、第二次大戦の期間は前述のとおり約六年間である。

したがって登場した戦車の大部分は、大戦前のものを加えても一九三五〜一九四五年の一〇年間に製造されたものに限られる。しかし、いわゆる〝戦後〟は七〇年の長きにわたっている。第一次世界大戦と第二次大戦の間の期間は約二〇年であるから、もはやその三倍以上の時間が流れている。

その間、あらゆる技術の進歩はめざましく、特に軍事技術については著しい。

航空機のそれとちがって戦車の外観、形状はこの五〇年間に変化は少ないが、能力的には飛躍的に向上していることは言うまでもない。

これらの理由によって、戦後の戦車の評価は世代を四つに分けて行なった。

この分類は

第一世代（一九四五年〜六〇年）、

第二世代（一九六一〜七〇年）、

第三世代（一九七一〜八〇年）、

そして第四世代（一九八一年〜）である。もちろん分類の方法も他にいくつか考えられる。

たとえば第四世代を第三に組み入れて三世代とすることなどである。

けれどもどんな分類方法を採択したところで一長一短があり、ここでは四分類とした。

もっとも戦車という兵器の寿命はきわめて長く、一例を挙げれば第二次大戦後半に登場したT34／85中戦車は、現在でもその一部が実戦に参加している。

しかしやはり一九四四年に誕生したT34／85と、一九八三年から部隊配備となったチャレンジャーMBTを同一の基準で比較することはできない。

それではいよいよ各世代ごとの各戦車の評価に移ろう。しかしその前に〝優秀な戦車とはどのような戦車か〟という課題を考えなければならない。

兵器である限り、

A、優秀な戦車→高性能→複雑化→高価

　その結果として数の減少

B、平凡な戦車→簡素化→装備の簡略化→安価

　その結果として戦闘能力の低下

のどちらかの道を選ぶことになる。

MBTに関して、各国の思想はかなり明確になっている。

たとえばソ連は徹底的に〝B〟の道をたどっている。また中国も同様である。

アメリカを除く西欧諸国は、英、独を中心にはっきりと〝A〟の思想を示している。日本もまたこの典型といえる。

一方、アメリカはM1エイブラムズを除けば〝AとBとの中間〟を選択している。これは国情（特に経済力と外交政策）によるところが大であり、アメリカとしては、自国の戦車を

安価に、その生産を実施していない同盟国に供給しなければならない、という前提がある。

これについてはソ連もまた同じであり、供与をより大量に行なわなくてはならない。それもアメリカの同盟国より経済力の低い国が多いため、戦車も簡易タイプとなる。ヨーロッパの自由主義諸国は、優秀な戦車を自国が必要とするだけ生産すれば良いのである。したがって一車種あたりの生産数は輸出を見込んでもソ連MBTの一〇分の一程度となる。

アメリカの場合はソ連の二〇～二五パーセントであろう。これはT54／55～T62系列の生産数を一〇万台とおき、M48～M60系列を二万～二万五〇〇〇台と仮定した場合である。

これらの事柄を前提として考えれば、西欧（特に旧西ドイツ、イギリス）の戦車の能力は極めて高く、乗員の練度、素質が等しいとすれば、個々の戦闘ではソ連の戦車を圧倒するであろう。しかし実際の戦争では、戦車が同じ数で戦うという場合は極めて少ない。

事実、東西両軍の新鋭軍が相対するヨーロッパにおいては、ワルシャワ軍がNATO軍の数倍の戦車を有していたのである。

数に頼るか、個々の能力に頼るかの問題は非常にむずかしいが、やはり〝数の威力〟が正解であろう。

またもうひとつ重要なことは、数値として表わしにくいファクターが多々あるということである。たとえば、戦車の機械的信頼性、照準システムの優秀性、そして乗員の能力、また戦いを支援するチームの能力などである。

これらの点については、オペレーション・エンジニアリング：ＯＥ、あるいはオペレーション・リサーチ：ＯＲなどの学問研究の進んでいる西欧側が有利であろう。
ともかく優秀な戦車を選択するための条件が多すぎ、また数値で表わせないところがいくつもある。しかし、その部分はその部分として眼をつぶり、第一～第四世代の戦車を見ていくことにしよう。
要目、指数の換算などは第一部と同様であるが、基準となる戦車については、
第一、第二世代　ソ連のＴ34／85
第三、第四〃　〃　Ｔ54／55
としている。

第一世代の戦車（一九四五～六〇年）

この世代の前半に主流をなしていた戦車は、第二次大戦後期に登場したものである。
それらは、
アメリカ：Ｍ４（主にＭ４Ａ３Ｅ８）、Ｍ26
イギリス：センチュリオン
ソ　連：Ｔ34／85、ＪＳⅢ
であり、米・ソは種別としては、中戦車と重戦車をもっていた。

第二次大戦中、数十種の戦車を生み出しながら、結局ひとつとして主戦闘戦車（Main Battle Tank）を造り得なかったイギリスは、その反省から中・重戦車の区別をなくし、本格的なMBTとしてセンチュリオンを送り出した。

このあと数年をへて、重戦車という区分が世界の陸軍から徐々に消えて行くことになる。

そしてその先がけがセンチュリオン戦車であり、主砲口径こそ八四ミリから一〇五ミリ（初期には七七ミリ砲もあり）に変わったものの、その後五〇年以上にわたって多くの国のMBTの座を占める。

〝重戦車〟という、攻撃力は大であるが機動性が極めて小さなタンクは、これ以後わずかな例外を除いて製造されずに消えていく。

アメリカのM103、イギリスのコンカラー重戦車は、戦車砲が口径九〇〜一〇〇ミリの時代に、一二〇ミリという強力な砲を装備して登場したが、それぞれ五五トン、六五トンの重量が災いした。

M103の場合、陸軍は採用せず、海兵隊がわずかな期間使用しただけで、またコンカラーは数十台が制式化されただけで消えてしまった。

これはソ連の場合も同様で、JSⅢ重戦車の改良T10も、ほとんど使用されずに終わっている。

この結果、世界の大国陸軍は、

アメリカ：M26〜M46〜M48シリーズ

イギリス：センチュリオン・シリーズ
ソ　連：T54／55シリーズ
のMBTの三つの流れをその後三〇年近くにわたって保有することとなる。

一九五五年から登場したソ連陸軍のT54／55（T54とT55との相違点は小さいから、ここではそれらをまとめてT54／55と呼ぶ）は、メカニカルな面から見るかぎり、米・英のMBTよりもかなり進んだ設計であった。

攻撃力のみを比較すると、

M26　　　　　九〇L50砲　　威力数四五〇〇
センチュリオン　八四L70　　〃　五八八〇
T54／55　　　一〇〇L54　　〃　五四〇〇

となる。しかし戦闘重量は四二、四九、三二トンの順となっており、したがって機動力およびに生産効率はT54／55が圧倒的にすぐれている。現在の米、英、ソ連の戦車の特徴は、この時点ですでに明確に表われており、
イギリス：強力な主砲と防御力、低い機動性および生産性
ソ　連：強力な主砲、小型化による被発見率重視、高機動力、価格の低減努力大
となり、両極端である。
より簡単にいえば、
イギリス：数は少なくとも強い戦車、したがって極めて重く、そして高価

ソ　連：数をそろえることが主眼、したがって小型、安価
ということになる。

アメリカはこの中間であり、大戦後期に登場したM26の改良型を、実に一九九〇年頃まで使用して行く。

このM26→M46→M47→M48→M60（これらの戦車は一般の人々にはほとんど見分けがつかないほどよく似ている）は、性能的にはT54／55、センチュリオンの中間に位置する。

これ以外の第一世代の戦車の中で、他に注目しなければならないものは皆無である。強いてあげれば、イスラエルのM４系の改良（性能向上型スーパーシャーマン、アイシャーマン）型であろうか。

イスラエルはアラブ諸国の中のユダヤ人国家として生存していくため、M４の中古品を必死に入手し、独自の技術で改良を重ねて行く。主砲の攻撃力だけを見たとき、

M４A３（E８）	七六ミリL52砲	威力数三九五二
スーパーシャーマン	七六ミリL62砲	〃　四七一二
アイシャーマン	一〇五ミリL51砲	〃　五三五五

と大きく向上させるのであった。

機動力、防御力などで、スーパー、アイシャーマンは、T34／85、T54／55には大きく劣るが、攻撃力では大差ない。

M46、M47、M48

したがって有能な戦車兵が操縦すれば、旧式の戦車でも最新鋭の戦車を撃破できる。イスラエルは見事に、第二次大戦時にすでに弱体であったM4を一九七〇年代まで使用しつづけるのである。なおアイシャーマンとは、イスラエルの頭文字をとったものである。

さて次に、第一世代の戦車を能力別の順位で掲げる。

第一世代の戦車　一九四五年〜六〇年まで

順位		生産国
一位	T54／55	ソ連
二位	JSⅢ	〃
三位	T34／85	〃
四位	センチュリオン八四ミリ砲	イギリス
五位	M48（九〇ミリ砲）	アメリカ
六位	スーパーシャーマン	イスラエル
七位	M4A3E8	アメリカ
八位	M26E	〃

この表からみる限り、ソ連の戦車の優秀性（特にT34／85）がよくわかる。

アメリカ戦車の性能（数値で表現できるものに限ってだが）が低い理由は、同国の陸軍が圧倒的な空軍による制空権下での戦闘が、いつでも可能と考えているからであろう。

スーパーシャーマン、T10

第二世代の戦車（一九六一～七〇年）

いわゆる〝戦後〟が影をひそめ、この時代から旧敗戦国、中立国、新興国が続々と新型戦車を登場させる。そしてそれらは、

日　本：61式中戦車　一九六一年
フランス：AMX－30中戦車　一九六一年
スイス：Pz 61中戦車　一九六一年
インド：ビジャンタ（ビッカース三七トン）　一九六四年
スウェーデン：Strv 130 〝S〟タンク　一九六一年

である。一方、三大国（英、米、ソ）は、

アメリカ：M48→M60　主砲　九〇ミリ→一〇五ミリ
イギリス：センチュリオン　〃　八四ミリ→一〇五ミリ
ソ　連：T54／55→T62　〃　一〇〇ミリ→一一五ミリ

といずれも、全く新しい戦車というより、これまでのタイプのシリーズ化した性能向上型の製造を開始した。

この第二世代の特長としては、自由主義陣営において、一〇五ミリL51（威力数五三五五）砲が一応標準化されたことである。

兵器の統一化、標準化は、戦闘効率に大きく結びつく。旧日本軍の陸・海軍の間にはそのような考え方が全くなく、共同して戦う時にきわめて不利であった。たとえば口径の等しい機関銃弾（二〇ミリ機関砲）でも、規格が異なるため使用できない例もあった。

この点、第一世代におけるアメリカ、西欧軍の七五、七六、七七、八四、九〇、一二〇ミリの戦車砲は、一気に一〇五ミリに統一されたのである。

別項でも述べたが、日本の新戦車61式だけが九〇ミリ砲で、この選択は絶対的に間違っていた、と筆者は判断する。

61式と同じ一九六一年に開発されたスイス陸軍のＰｚ61戦車は、寸法、性能とも61式と大差はないが、一〇五ミリＬ51砲装備であり、この差は大きい。また少し遅れて現われたフランスのＡＭＸ－30も同様である。そのうえ、Ｐｚ61から七年後にその改良型のＰｚ68の開発を行なっている。

61式はそのような改良も行なわれずに、三五年にわたって日本の陸上戦力の一端をなしてきた。

この世代においてなんといっても特異な戦車は、スウェーデンが独自に開発したStrv 130（"S" Tank）である。無砲塔式で長砲身（一〇五ミリＬ62）砲を装備しており、攻撃能力はきわめて大きい。しかし砲は旋回できず、この点からは機動戦には不適であろう。

あくまでも第一次フィンランド戦争（ソ連軍のフィンランド侵入・冬戦争）のような、森林地帯での防御戦闘用の戦車と見るべきである。

この〝S〟タンクの評価は、各国陸軍で相当になされたが、一度として実戦に使用されたことはなく、正確な能力判定は困難である。

このことはAMX－30、ビジャンタ（インドのノックダウン生産、イギリスのビッカース社設計、旧名ビッカース37トン）などについても同様で、戦闘には参加しているものの数が少なく、またその情報も入手困難で正確な評価はむずかしい。

AMX－30はごく少数が中東で、ビジャンタは第二次インド／パキスタン戦争に登場しているが、能力的にはアメリカのM48A5（一〇五ミリ砲）程度ではないか、と推測される。

いかにカタログの数値がすぐれていても、兵器や車輛は実際に使用してみないと本当の力はわからない。またたびたび述べているように、それらを動かす人間の能力が性能を大きく左右する。

第二次～第四次にわたる中東戦争がその良い例であり、英・米国製の兵器を使ったイスラエルが勝利を得たが、もし逆の立場でアラブ諸国軍のソ連製兵器をイ軍が使ったとしてもイスラエルは三回の戦争に勝ったであろう。

となれば、カタログ上の性能はやはり比較の資料としてのみ有効ということになる。

一九六〇～七〇年代にかけて、米、英、ソ連はいずれも決定的なMTBを造り出している。

アメリカ：M60A→M60A3

イギリス：センチュリオンMkX一〇五ミリ砲

ソ　連：T62

であり、これらはいずれも一九九〇年まで約二〇年間にわたって使用された。そして能力的には第一世代と同じ特長を持つ。

イギリスは防御力、ソ連は機動力重視、アメリカはその間（ただしM60は明らかに重戦車指向）といったところであろうか。

カタログデータとしてはあまり高性能とは思えないアメリカ戦車（M48〜M60）は、実戦ではその信頼性が高く評価されている。

しかしM48の前期型までガソリンエンジンを用いていることから、全体的な戦車技術はソ連、イギリスより一段劣ると見るべきであろう。

この第二世代が、T34／85を基準とする最後の時代である。そして第一世代と同様の順位付けによる評価の結果は、次のとおりである。

第二世代の戦車　一九六一年〜七〇年

順位		生産国
一位	T62	ソ連
二位	ビジャンタ（ビッカース37トン）	インド／イギリス
三位	M48A5	アメリカ
四位	Strv 130（Sタンク）	スウェーデン
五位	M60A	アメリカ

T62、ビジャンタ

AMX－30、Pz61

六位　AMX－30　フランス
七位　センチュリオン（一〇五ミリ砲）　イギリス
八位　Pz61　スイス
九位　アイシャーマン　イスラエル
一〇位　61式　日本

となり、予想どおり日本の61式は最下位である。このような簡単な算定結果から見ても61式は一〇五ミリ砲を装備すべきであったことがわかる。ここでも数値的に見る限り最優秀戦車はソ連のT62で、これに対する反論は多くないと思われる。

第三世代の戦車（一九七一～八五年）

この一五年間は自由主義陣営の戦車に大きな変革が見られた。

そのひとつは、第二次大戦の戦車王国ドイツ（旧西ドイツ）が、きわめて強力なレオパルド（豹）戦車を登場させたからである。

次にイギリスが永く使用してきたセンチュリオンから、より重戦車指向のチーフテンを送り出した。またすぐれた新戦車を誕生させた独、英と比較して、アメリカが二種の新戦車開発に莫大な労力を投入しながら、結局失敗した事実も忘れてはならない。

それではこの状況をはじめに見て行くとしよう。

アメリカ陸軍は一九四五年に登場したM26戦車をベースとして、M46、M47、M48、M60と改良しながらMBTの役割を押しつけてきた。

性能的には向上したものの、基本設計が古いためM60の限界は近い将来にやってくると判断された。

そのため西ドイツと共同で、MBT70計画、また自国のテレダイン戦車開発の二つのプロジェクトを並行して進めてきたが、試作された戦車は軍の要求を満足させ得なかった。

世界で最も進んだ工業国アメリカが、一〇年の歳月を費やしてもなお近代的な戦車の開発に失敗するとは信じがたい。

しかしその事実は変わらず、米陸軍、海兵隊は、M48とM60戦車をなおしばらくの間、使用し続けなくてはならなくなった。

西ドイツのレオパルドIの輸入も真剣に検討されたが議会の反対にあい、三度目の新戦車開発計画が実行された。これがM1エイブラムズとなるわけである。

さて、戦後西ドイツがはじめて送り出したレオパルド戦車は、新しい多くの機構を持った成功作であった。その後、ヨーロッパにおいてNATO軍のMBTはこのレオパルド・シリーズである。

またこれをベースにしたOF－40中戦車がイタリアで生まれ、これまたかなりの数の生産が予定されている。

一方、イギリスは一〇五ミリL51砲から、一気に一二〇ミリL55砲（威力数六六〇〇）にジャンプした新戦車チーフテンを登場させた。

砲力は実に二〇パーセント近くアップしている。しかし重量的には、その防御力に比例して重くなって、

西ドイツ：レオパルドI　四二トン
アメリカ：M60A3　五一トン
ソ　連：T72　四一トン
イギリス：センチュリオン　五二トン
イギリス：チーフテン　五五トン

となってしまった。

M60の場合もそうだが、五〇トンを超す重量は、緊急の輸送時には大きな困難を伴う。この点、多少防御力を犠牲にしても、レオパルド、T72、74式（日本）のように、できるだけ軽量化すべきであろう。

さて、日本の新型戦車74式についての評価は、別項で実施しているので、これには触れずにおく。

ソ連のT72を技術的にみると、西欧側とは別な思想で進歩を遂げていることがよくわかる。

ひとつは徹底的に車体を小さくしていること（そのため乗員の身長を一六八センチ以下と

規定しているとの説もある）で、乗員も三名に減らしている。

ソ連の場合、多大な軍事予算を計上しているが、やはり強力な〝ヘビー級〟戦車を数多く製造するには不足のようである。

もし余裕があれば、輸出用の中戦車（T55→T62→T72、またこれがMBTともなる）と、西欧側の重量級MBT（特にチーフテン）に対抗できる重戦車（少なくとも五〇トン級）を開発すべきであろう。

数こそ少ないものの、ヘビー級のチーフテンが地形を利用した防御戦闘にまわったら、軽量のソ連戦車はその撃破に苦労するはずである。

もっとも輸出用としては、最大でも四〇トン程度のソビエト戦車は価格も安く、多分イギリスのチーフテン、アメリカのM60と比較すれば、通貨の実力も作用して四対一程度の価格となるであろう。

もう一台、注目すべき戦車は、イスラエルのメルカバである。エンジンを前部に置き、乗員の安全をはかっていること、後部車内に数名（最大八名）の兵士を搭乗させ得るスペースを持つことなど、新しいアイディアが数多く盛り込まれている。

またきわめて大きな（L8.3m×W3.8m×H2.6m）戦車にもかかわらず、被弾率の高い車体前面および砲塔の面積を極力小さくしている。

設計思想がMBTプラスAPC（装甲兵員輸送車）を目指していると思われ、この方式（五〜六名の歩兵を車内に収めること）については賛否両論が沸きおこっている。

レオパルドI、チーフテン

74式戦車、Pz68

筆者の意見としては、このシステムは市街戦や対戦車部隊との戦闘時にはきわめて効果的だと考えている。

なぜなら今後、あらゆる軍用車輛は、装甲を有する方向に向かうであろうし、そうなれば戦車は理想的なＡＰＣやＭＩＣＶ（機動歩兵戦闘車）やＩＦＶ（歩兵戦闘車）になり得るからである。

人口わずか五〇〇万にすぎないイスラエルが、世界に先がけてメルカバの開発に成功した事実は、ユダヤの人々の技術的才能を示している。ともかく北海道ほどの人口で新しい戦車、新しいジェット戦闘機を造り出してしまうのである。

さて第一、第二世代と同様、第三世代についても順位付けを行なおう。一応一位から八位まで順位を決めたが、その差はしだいに少なくなっている。それでもＭ60、Ｐｚ68のような古い戦車の改良型は能力的に低い。

メルカバの歩兵乗車方式については算定していない。このスペースをなくせば、順位はより上がるはずである。

第三世代の戦車　一九七一年〜八五年

順位		生産国
一位	Ｔ72	ソ連
二位	ＯＦ－40	イタリア
三位	レオパルドⅠ	西ドイツ

四位　チーフテン　　　　　　イギリス
五位　74式　　　　　　　　　日本
六位　M60A3　　　　　　　　アメリカ
七位　Pz68　　　　　　　　　スイス
八位　メルカバ　　　　　　　イスラエル

第四世代の戦車（一九八五～九五年）

七〇年代に続いて英、米、独、ソの各国は、八〇年代の前半、次々と新しい戦車を開発していった。

主砲に関しては第三世代の場合と大きな変化はなく、

西側　一〇五ミリ砲主流、従一二〇ミリ砲
東側　一〇〇、一一五、一二五ミリ砲

である。

この世代の戦車の特長は、なんといっても新しい技術を多用した防御システムであり、それは〝複合装甲〟と呼ばれる。

従来のターレットになされた装甲は、堅く厚い装甲板を使用したものであった。しかし近年開発されたものは、鋼板の間にセラミックス（瀬戸物）を挟んだり、また空間、水の層を設けたりしている。詳細は秘密のベールに包まれたままだが、イギリスのチョバムアーマーが有名である。

また、いかにターレットの避弾経始（アールの付いた）を考えたところで、現在の高性能徹甲弾は簡単にそれを貫通する。あるいは歩兵が持ち運べる小型対戦車兵器でもヒート弾（高熱ジェット噴流の利用）により、厚さ三〇センチの金属を貫くのである。

この対策として前者には厚い鋼で、後者にはセラミックス、液体で対処している。

加えてこのジェット噴流を、あらかじめ装着した少量の爆薬を使って吹き飛ばすリアクティブアーマーも実用化されている。

このような防御方法が有効となれば、車体、砲塔の大きな西側の戦車の方がその取り付けの面で有利になる。また最も敵弾の当たり易い砲塔の外面を球体とする必要もなくなる。

新型の旧西側の戦車である、

アメリカ：M1エイブラムズ　五三トン
イギリス：チャレンジャー　六二トン
西ドイツ：レオパルドⅡ型　五五トン
日　本：90式　五〇トン

ともターレットは箱型で、ソ連の戦車のそれとは大きな違いを見せている。

ソ連の新しいMBTであるT80のターレットは、相変わらず半球形であり、一部には複合装甲を取り入れているはずではあるが、その効果は西欧の戦車と比較して小さいと考えられ

チャレンジャー、レオパルドⅡ

る。

この世代の戦車のうち、アメリカのM1エイブラムズは、エンジンにガスタービンを用いている。もちろんこれは実用の戦車としては初めてのものであり、多燃料ディーゼル・エンジンとどちらが優れているか、現在のところ不明である。

スウェーデンの〝S〟戦車もタービン・エンジンを装備してはいたが、これはディーゼルとの併用であった。

二種のエンジンについて重量、燃料消費量、耐弾性など種々の比較ファクターがあり、結論が出るのは後のこととなるであろう。しかしアメリカの新鋭M1も、その主砲が初期には一〇五ミリL51だったのは、威力の面から不十分であった。

他の新型戦車が一二〇〜一二五ミリ砲を装備していることから、初期のM1の攻撃力不足は明らかであり、相変わらずアメリカは第一級の戦車を造り得ないと英、独は感じたはずである。

この点について米陸軍も一般のアーマーファンと同じ印象を受けたらしく、M1E（のちのM1A1）型では一二〇ミリ砲となっている。

一方レオパルドⅡと、チーフテンの発展型のチャレンジャーは、能力的には最高の戦車で、特に後者は現在のところ世界最強のMBTであるといえる。前者は高機動性を有してはいるが、主砲（一二〇ミリ）が砲身長44（一二〇ミリL44、威力数五二八〇）であり、威力はチャレンジャーの一二〇ミリL56（六七二〇）より多少劣る。

対するソ連側の新戦車T80の情報は十分でなく、この戦車はより強力なT82への〝つなぎ〟的なものともいわれている。

なおこのあと、

日本：90式　五〇トン　一二〇L44

韓国：88式　五一トン　一〇五L56

と、二種の新型戦車がアジアに登場する。

一九八〇年代の中期以降、各国は主力戦車の能力向上、また新戦車の開発に力を注いだことがわかる。

エンジン出力は一〇〇〇馬力を超え、複合装甲の装備はごく当たり前になった。

また主砲の装薬（発射のための火薬）や砲弾、砲身の改良が進み、従来の一〇五ミリ砲も威力が格段に向上している。そのため、

改良型の一〇五ミリL56砲

一二〇ミリL44滑腔砲（ノンライフル）

一二〇ミリL56砲

一二五ミリL54滑腔砲

は、ほとんど同じ威力になってしまったようである。特に世界で最も豊富な実戦経験を持つイスラエル陸軍は、改良型の一〇五ミリ砲によって世界中のあらゆる戦車を撃破できると公言し、一二〇ミリ砲を採用していない。

こうなると、これまで本書で使用してきた砲力＝威力数（口径×砲身長）もその価値を失ってしまうのである。

これらの事柄を考慮すると、現代のＭＢＴについて、次のことが言える。

(1)強力な主砲と、複合装甲は必需品である。したがって戦車は大きくなり、五〇トン前後の重量が一般的である。

(2)ディーゼル、ガスタービン・エンジンの比較設計については、まだ結論が出ていない。ただし、いずれにしてもエンジンの出力は一〇〇〇馬力以上、できれば一五〇〇馬力が必要である。

(3)旧西側（米、英、独）と旧ソ連との戦車設計についての思想は、これまで以上に大きく分かれた。

旧西側：重量、価格が大であっても強力な戦車

ロシア：なるべく小さく、軽量で安価、攻撃力のみ大きな戦車

が、その設計の主眼である。

さて現代の主力戦車については、能力の順位はつけられないというのが本音となる。

強いてつけるとすれば、

Ｍ１Ａ１エイブラムズ　アメリカ

チャレンジャー　イギリス

レオパルドII　　ドイツ
90式　　日本
が、最強の戦車であろう。
日本の61式、74式は常に各国のＭＢＴから一歩遅れて完成し、能力的にも一ランク下であった。しかし90式の登場によって、初めて肩を並べるところまでたどりついたのである。
次ページから第一〜第四世代の能力別順位表を掲げる。

基準の戦車:T34／85

攻撃力	機動力	防御力	攻撃戦闘力	防御戦闘力	総合戦闘力	生産効果
A	B	C	α	β	γ	R
100	100	100	100	100	100	100
114	35	242	95	272	95	73
118	82	141	208	303	208	208
86	25	100	21	77	21	21
98	14	104	14	98	14	11
96	25	114	27	95	27	18
103	21	111	23	99	23	22
154	15	168	39	244	39	23
122	21	144	41	179	41	27
154	36	142	79	173	79	39

第一世代の戦車の能力（1946～1960年）

要・項目	主砲口径	戦闘重量	最大出力	出力重量比	接地圧力	最大速度
記号 / 車種	A mm	W トン	P HP	N P／W	K W／㎡	V km／h
T34／85	85	32	500	15.6	5.1	50
JSⅢ	122	41.5	700	16.9	8.2	37
T54／55	100	32	550	17.1	8.0	50
M4A3E8	76	32.5	400	12.3	9.2	48
M26	90	41.5	500	12.0	8.9	32
M48	90	47	810	17.2	8.2	48
スーパーシャーマン	76	33.5	460	13.7	10.2	40
M103	120	54.5	810	14.9	9.0	34
センチュリオンMk3	84	49	640	13.0	9.0	35
コンカラー	120	65	810	12.5	9,1	34

注）M103: アメリカが開発した120㎜砲搭載の重戦車。
陸軍は使わず、海兵隊のみが少数採用。
コンカラー：イギリスがソ連のJSⅢに対抗して試作した重戦車。150台生産

基準の戦車:T34 / 85

攻撃力	機動力	防御力	攻撃戦闘力	防御戦闘力	総合戦闘力	生産効果
A	B	C	α	β	γ	R
133	86	221	253	363	253	238
115	116	121	161	120	161	108
115	100	120	137	115	137	89
96	33	105	33	109	33	30
105	126	97	128	81	128	124
142	84	121	141	182	142	117
115	70	63	51	72	51	43
115	105	160	193	201	193	161
117	18	111	22	114	22	20
115	19	144	31	152	31	19

第二世代の戦車の能力（1961〜1970年）

要・項目	主砲口径	戦闘重量	最大出力	出力重量比	接地圧力	最大速度
記号 / 車種	A mm	W トン	P HP	N P／W	K W／㎡	V km／h
T62	115	34	700	20.6	8.6	55
M48A5	105	48	770	16.2	8.3	48
M60A	105	49	770	15.6	8.2	48
61式	90	35	550	15.7	9.2	45
AMX-30	105	37	700	18.9	8.7	55
Strv103	105	39	730	18.7	9.4	50
Pz61	105	38	630	16.6	8.5	55
ビジャンタ	105	38.5	700	18.2	8.7	48
アイシャーマン	105	37	460	12.5	10.5	38
センチュリオン Mk5	105	52	650	12.5	9.4	35

注）ビジャンタはインドとイギリスの共同開発によるもの。
　アイシャーマンはM4系にイスラエル軍が105㎜砲を搭載したもの。
　Strv103はスウェーデンの“S Tank”の正式名称。

基準の戦車 :T54 ／ 55

攻撃力	機動力	防御力	攻撃戦闘力	防御戦闘力	総合戦闘力	生産効果
A	B	C	α	β	γ	R
103	138	100	295	273	295	134
118	47	119	66	111	66	43
99	90	106	91	71	91	64
98	168	92	233	91	151	113
112	113	133	168	149	168	148
96	80	41	49	39	32	27
96	97	97	90	95	90	85
99	54	110	56	106	56	36
103	83	100	103	103	88	102
103	88	110	91	113	100	92

第三世代の戦車の能力（1971～1985年）

要・項目	主砲口径	戦闘重量	最大出力	出力重量比	接地圧力	最大速度
記号／車種	A mm	W トン	P HP	N P／W	K W／㎡	V km／h
レオパルドI	105	42.5	830	19.6	8.9	65
チーフテンMk2	120	55	750	13.6	9.0	48
M60A3	105	51	770	15.7	8.2	48
OF-40	105	43	830	19.3	9.0	60
T72	125	41	780	19.0	8.3	60
Pz68	105	39	660	17.4	8.5	60
74式	105	38	740	19.3	8.6	53
メルカバMk1	105	56	910	16.0	9.0	44
79式	105	42	680	16.2	8.7	45
マフガ7	105	52	900	17.3	8.8	45

注）C（防御力）のかなりの部分が確定。OF-40（イタリア）、Pz68（スイス）、74式（日本）、79式（中国／ソ連）、マフガ7（イスラエル）は、M60A3（アメリカ）を基本としている。

基準の戦車 :T54 ／ 55

攻撃力	機動力	防御力	攻撃戦闘力	防御戦闘力	総合戦闘力	生産効果
A	B	C	α	β	γ	R
98	223	143	624	375	624	220
124	68	148	118	138	118	69
99	133	129	464	415	464	169
118	119	140	176	156	176	155
109	106	123	115	103	113	106
98	147	149	182	143	217	209
139	123	143	207	161	205	167
139	116	143	209	161	194	131
118	114	115	141	153	130	130
118	152	108	189	104	163	178

第四世代の戦車の能力（1985〜1995年）

要・項目	主砲口径	戦闘重量	最大出力	出力重量比	接地圧力	最大速度
記号／車種	A mm	W トン	P HP	N P／W	K W／㎡	V km／h
レオパルドII	120	55	1500	27.2	8.3	72
チャレンジャー	120	62	1200	19.3	9.6	56
M1A1	120	59	1500	25.7	10.2	70
T80SMT	125	42	990	23.5	8.3	75
88式	105	51	1200	23.5	8.6	65
90式	120	50	1500	30.0	8.9	73
オソリオ	120	44	1100	25.0	8.5	70
ルクレール	120	53	1500	28.5	8.5	58
C1	120	48	1200	25.0	8.5	65
AMX40	120	44	1300	30.0	8.3	70

（注）同じ120㎜口径砲でも、砲身長はルクレール、オソリオ52他は44となっている。120㎜、125㎜砲のほとんどは滑腔砲だが、チャレンジャーのみはライフル砲である。またここに掲げたすべての戦車が複合装甲を有している。国名は88式（韓国）、90式（日本）、オソリオ（ブラジル）、ルクレール、AMX40（フランス）、C1（イタリア）である。また装甲厚の大部分は推定であり、戦闘重量と最大速度の関数と仮定する。

第二次大戦後の紛争と参加した戦車

第二次大戦によって戦争の惨禍を十分に知ったはずの人類ではあったが、間もなく新しい紛争がはじまり、それは現在に至るも続いている。

戦後の大きな戦争だけを見ても、

○朝鮮戦争　一九五〇〜五三年
○ベトナム戦争　一九六一〜七五年
○アフガニスタン戦争　一九七九〜八九年
○イラン／イラク戦争　一九八〇〜八八年

といった数年、十数年にわたって続くものが勃発している。

これ以外にもインドシナ、中東、アフリカをはじめとする各地で大規模な戦争や紛争が起こり、そのほとんどすべてに、多数のAFVが登場していた。

ここではそれらの中から代表的な戦車を取り上げて、戦いの状況と共に説明していく。

基準はT34／85に

さて第2部から基準となる戦車を、第二次大戦中のT34／76からT34／85に変更した。

これについても第1部と同様に、様々な戦車について、どれが基準の戦車として適当なのか検討した結果である。

第二次大戦の項とは異なって、本項では比較的簡単にT34／85が選択された。一九四三年末に登場したT34／85は、現代の戦車の仲間に入れるには旧式にすぎるという意見もあろうが、なによりも強力な選出理由は、大戦後の戦争のほとんどすべてに登場しているということである。

一九五〇年に開始された朝鮮戦争はもとより、一九八〇年からのイラン／イラク戦争においても、約一〇〇台のT34／85がイラク側に登場している。これはたんにイラクが保有しているという情報だけではなく、TVの記録フィルムを見ても砂漠の戦場を疾走する姿が時折映し出されているからである。そのうえ一九九〇年からはじまった旧ユーゴスラビアをめぐる内戦にも、多数使われているのである。

この事実はなんといっても〝基準〟とされるべき理由であろう。

ほかにはM48パットン、T54／55、センチュリオン中戦車が候補に挙げられたが、最終的にはT34／85に落ちついた。

第二次大戦中に五万台、また戦後東欧諸国で数千台という大量生産が行なわれたこの戦車は、旧式と言われながらも現在もなお生き続けているのである。

またもうひとつ重要な点は、この項以降、戦車砲の威力を〝指数化〟したことである。T34／85の八五ミリL54（威力数四五九〇）を基準の一〇〇とし、それをもとにそれぞれの戦車砲の能力を威力数から威力指数に変更した。

これは威力数の数値が次第に大きくなりすぎ、読者がお読みになるさい、わずらわしくなることを防ぐためである。

T34／85の八五L54を一〇〇とすると

T54／55の一〇〇L54砲の指数は

五四〇〇／四五九〇イコール一一八となる。

つまり主砲の威力は一八パーセントの向上を意味しており、威力数をそのまま用いるより、ずっとわかり易くなる。

ところで一九八〇年代前半から、戦後の第四世代というべき新鋭戦車が続々と登場している。ソ連のT72、イギリスのチャレンジャー、アメリカのM1エイブラムズ、ドイツのレオパルドⅡなどである。

これらの戦車の比較基準としてT34／85は、確かに古すぎ、この場合は戦後最大の生産数を誇るT54／55を基準として採択することが適当と考えられる。

したがって原則的には、

第一世代　一九四五～六〇年 ｝T34／85
第二世代　一九六一～七〇年 ｝
第三世代　一九七一～八五年 ｝T54／55
第四世代　一九八六～九五年 ｝

としている。

また第四世代の戦車の比較の一部（特に最新鋭の車輌のみ集めた場合）には、基準の戦車をソ連のT62とした部分もある。

このため基準の戦車は系統化され、

T34／76（一九四二年型）　一九三九～四五年
⇩
T34／85　一九四六～七〇年
⇩
T54／55　一九七一～八〇年
⇩

T72（一部にT80型）　一九八六〜九五年

となっている。すでにご存知のように、いずれも大量に生産されたソ連のMBTである。

朝鮮戦争（一九五〇〜五三年）

一九四五年八月の第二次大戦終了と共に、超大国にのし上がってきた米・ソの確執が明確になり、それはそのまま中国本土、朝鮮半島に及んだ。五年後の状況としては、中国本土は完全に中国共産党が支配していたが、朝鮮半島については、その中央を横切る三八度線によって二つの国家が誕生していた。その一つはいわゆる〝北〟の朝鮮民主主義人民共和国であり、他は〝南〟の大韓民国である。

前者はソビエト連邦ならびに中華人民共和国の支持、支援を受けている社会主義国であり、一方の韓国はアメリカを主とする自由主義国の支援を受けていた。

一九五〇年六月二十五日、突然北朝鮮は〝南の解放〟を叫び韓国に侵入、ここに三年一ヵ月にわたる朝鮮戦争が開始された。戦闘区域は朝鮮半島に限定されたものの、戦いは極めて激しいものであった。

戦争の規模を理解するために、両国およびそれを支援した中国、アメリカ（ほか一四ヵ国）の人的損失を見てみると、国連軍側一一〇万、共産側一六一万（死傷者、捕虜を含む、軍人のみ）、それに加えて両国の民間人約一五〇万が犠牲になるという大戦争であった。
一九五三年七月末、両軍の間に休戦条約が結ばれたが、二つの国を隔てる国境は開戦前と同じ三八度線であり、また互いの国家体制もそのまま存続しているのである。莫大な戦費と犠牲はなんのために生じたのか、世界のすべての人々に考えさせる結果ではあった。

さて政治的な分析は他書にまかせて、装甲兵力の戦闘に目を移そう。開戦時における兵力は百数十台のT34／85をそろえた〝北〟と、数十台のM8グレイハウンド装甲車（装輪式）しかない〝南〟であったから、韓国軍は最初の二ヵ月間で潰滅的な打撃を受けた。しかしアメリカ軍の介入により見事な立ち直りを見せる。

開戦時の戦力（一九五〇年六月）

	韓国	北朝鮮
総兵力（名）	一〇個師団 約一〇万	八個師団 約一二万
装甲車輛（台）	装甲車四〇	戦車一八〇 自走砲六〇
火砲（門）	九〇〇	一四〇〇
航空機（機）	練習機三〇	戦闘機八〇

爆撃機五〇

他　三〇

艦艇（隻）　フリゲートなど　一四　魚雷艇三〇

他に在韓米軍

一個師団二万人、軽戦車六〇台、航空機八〇機

その後、戦局は互いの首都を占領するなど大きく揺れ動いたが、結局両者とも最終的な勝利は得られず休戦に至っている。

この戦いに参加した戦車は、共産側はT34／85、SU76自走砲（これ以外に旧日本軍の九七式中戦車、九五式軽戦車を百数十台有していたが、実戦に使ったという記録はない）であり、国連軍側はM24軽戦車、M4A3シャーマン、M26パーシング、M46パットン中戦車である。また数は少ないがイギリスのコメット、チャーチル、センチュリオンが参加している。

両軍が戦争中、常にどの程度の量の戦車を持っていたか、という推測は難しい。アメリカの資料では共産側一五〇～二〇〇台、国連軍側は一〇〇〇台前後となっている。三七ヵ月間の損害は共産側三五〇台、国連軍側六〇台としている資料（たとえばWAR IN PEACEなど）が多い。しかし、これではあまりにその数が少なすぎる。アメリカ第5空軍のデータで

は、開戦後三ヵ月で二九〇台のT34を破壊したとなっているから、三七ヵ月で三五〇台ということはない。

また国連軍の損害も合計六〇台というのは少なすぎる。これでは全期間を通じて損害は一・六台／月で、とても信じられない。考えられる数字は共産側一五〇〇台、国連側五〇〇台（修理不能、捕獲されたものを含む）といったところであろうか。

蛇足ながらこの数の差は両軍の戦車性能にあるのではなく、空軍力にある。朝鮮半島上空の制空権は常に国連軍側にあり、延べ出撃機数は共産軍の一〇〇倍以上である。特に共産軍機の地上攻撃（対地支援）は皆無に等しかった。

したがって北朝鮮および中国軍のMBTであったT34／85の喪失原因としては、空軍機によるもの（ロケット弾、ナパーム弾使用）四五パーセント、戦車によるもの一五パーセント、歩兵の対戦車火器によるもの三〇パーセントであり、残り一〇パーセントが故障による放棄などといわれている。

このアメリカ第5空軍のレポートからみると、参加したT34一五〇〇台のうち、約二〇〇台が国連軍戦車によって仕留められたことになる。

さてデータから読みとる限り、T34／85と真正面から対決できるのは、M26、M46の九〇ミリL50砲とイギリスのエース・センチュリオンMk3の二〇ポンド（八四ミリ）砲である。この戦車砲は口径こそ八四ミリであるが、砲身長は実にL67（威力指数一二二）で、T34／

85の八五ミリ砲はもちろん、米軍の九〇ミリ砲（同九八）より強力であった。新鋭軽戦車M24も、また第二次大戦中のベテランM4A3シリーズもT34／85の敵ではなかった。その証拠として釜山橋頭堡の戦いがある。

アメリカ第1騎兵師団の一部に支援された第70戦車旅団の一三台のM4A3E8が、一〇台のT34と遭遇し、激しい戦闘が開始された。

数分のうちに二台のM4が破壊され、そのうちの一台の乗員は全員死亡した。残る一一台のM4シャーマンが二発の七六ミリ砲弾をT34に命中させたが、その装甲を貫通できず退却。M4を追ってくるT34に対して歩兵が三・五インチバズーカ砲を使用して、やっと擱座させたのである。

数字を見ても、すべての点でM4はT34の敵ではなく、M24にいたっては戦う前から結果は明白である。

一方、日本から送られたM26パーシング、M46パットンはT34より数年後に出現したもので、その九〇ミリ砲の威力は大きかった。

一九五〇年八月二十日から二十四日にかけて、大戦車戦（多分、戦争中最大の）が大邱付近で行なわれた。共産側は二〇台のT34／85に加えて、四台のSU76（七六ミリL31装備）自走対戦車砲、アメリカ軍は四七台のM26である。

戦闘は四日間にわたり、共産軍の損失は一四台のT34、それにSU76の全部に及んだ。これに対してM26の損害は六台（うち二台は修理可能）となっている。この数値だけ見ると確かにアメリカ側の完勝であるが、例によって空軍の支援があった可能性がある。しかしM26の攻撃力はT34に匹敵するので、命中精度などの点からM26の勝利は疑いない。

このT34の損害は共産側に教訓を与え、九月以降T34は対戦車戦闘を避けるようになる。もっともT34の機動性はM26よりずっと高いから、平原での機動戦闘となったら、T34が有利となる。山岳地帯が多く平野部の少ない朝鮮半島の地形から、M26、M46の機動力の低さが表面に表われなかったといえる。

この点については開戦直前、「この国の地形は戦車に向いていない」という理由で、韓国が要請した三個中隊分のM26の供与を拒否したアメリカ軍の判断も間違いとは言い難い。

アメリカのM26、M46と同様、機動力の不足が表面化せず、高い評価を受けたのが、英陸軍第8騎兵連隊のセンチュリオンMk3である。この戦車は重量五〇トン近く、エンジン出力は六三九馬力であるから、最高速度も四〇キロ／時に達せず、機動力は低い。そのため複数の戦車を縦横に走らせ、敵陣を突破するような使い方はできなかった。

その後もイギリスのMBTはセンチュリオン、チーフテン、チャレンジャーと、すべて攻撃力、防御力を優先して設計されている。この機動力の不足は朝鮮戦争では全く言及されず、センチュリオンはその高い信頼性と厚い装甲によって「朝鮮戦争における最良の戦車」との評価を得た。

たしかにT34に比べて二四パーセント増の砲威力、四四パーセント増の防御力を持っているので、機動戦に使用しなければ、その能力は最大限に発揮されることになる。

このセンチュリオンがT34／85と戦車戦を交えたことは、一九五一年の春から夏にかけての時期に数回あり、対戦したT34の数が少なかったこともあって、常にセンチュリオンの勝利に終わっている。

英軍の戦車としては、他にコメット4、クロムウェル4、チャーチル5がごく少数ずつこの戦線に登場しているが、いずれも歩兵支援として使用され、対戦車戦闘のチャンスはなかった。たとえあったとしても、クロムウェルは攻撃力不足でT34にかなわず、チャーチルもまたその鈍足のため対等に戦うのは難しかった。

戦訓として、共産側はいかに第二次大戦のヒーローといっても、T34／85はすでに旧式となり、センチュリオン、M46などの自由主義陣営の新型戦車の敵ではない事実を知った。

これがT54／55型の開発を早めることになる。一方アメリカ、イギリスは自国のMBTにかなりの自信をもち、新型の開発よりも現在ある戦車の改良に力を入れる。

このほか、アメリカ軍は、アジアの戦場ではたとえ絶対的な制空権を握っていても、それがそのまま勝利と結びつかないという初めての経験を持ったのである。それは次のベトナムにおいても再度実証されることになる。

停戦時の戦力（一九五三年七月）

国連軍　　　共産軍

総兵力（名）	約六〇万	約六五万
内訳	韓国軍三五万	北朝鮮軍三五万
	米軍二三万	中国軍三〇万
	ほかに一・五万	
装甲車輛（台）	一五〇〇	二〇〇
火砲（門）	五八〇〇	四九〇〇
航空機（機）	一二〇〇	四〇〇
艦艇（隻）	空母二～四	ほとんどなし
	ほかに一八〇	

ベトナム戦争（一九六一～七五年）

一九四五年の第二次大戦終了と共に中東、東南アジアの国々に独立の気運が持ち上がった。その中でベトナムについては、フランス極東軍を駆逐し一九五四年、北緯一七度戦の〝北〟ベトナム（共産政権）と〝南〟ベトナムが独立した。

その直後から〝北〟は〝南〟を解放（侵略）しようと南ベトナム国内の反政府勢力（解放戦線・NLF）を後押ししはじめる。

アメリカは、ソ連と中国の援助を受けた勢力から南ベトナムを防衛するため一九六四年から本格的に介入し、一〇年にわたるベトナム戦争がはじまったのである。一九六八年の七月には、在ベトナムの米軍兵力は五五万に達したが、その後の〝ベトナム化〟政策により、急激に減少する。そして一九七二年にはほぼ零となり、それが原因となって一九七五年初夏、南ベトナムという国家は崩壊するのである。

ベトナムの戦いは密林、高くはないが険しい山々、そして海岸に沿った狭い平野で行なわれた。そのうち密林の中の戦闘と、山中での戦いが五〇パーセントを占める。ということは、大規模の機甲兵力を駆使して、縦横に戦車戦闘を行なうのに適した地形ではない。

それでも南ベトナム陸軍（ＳＶＡ）は最初からM24チャーフィー、M41ウォーカー・ブルドッグなどを使用し、対する北ベトナム軍（ＮＶＡ）はＰＴ－76水陸両用軽戦車、Ｔ54／55中戦車を用いた。共産軍の二種の戦車は数こそ少なかったものの、ＮＶＡ・ＮＬＦの中心火力となって活躍した。一方、米陸軍の主力はM48系の中戦車であり、それをサポートしたのはM551軽戦車である。一部にはオーストラリアのセンチュリオンMk５が加わっている。

一九六八年二月、ＮＬＦはＮＶＡの支援を受けて、旧正月攻勢（テト攻勢として知られている）と呼ばれる大攻撃を決行した。この攻勢には一〇万近い兵力が投入され、米軍、南ベトナム軍に一万人近い損害を与えるが、ＮＬＦ、北軍は五万五〇〇〇人の犠牲を払った。この攻勢の一環として十数台のＰＴ－76がランベイ近郊の米軍特殊部隊キャンプを攻撃した。

れている。

また中戦車T55のデビューは一九七二年のアンロクへの攻撃であり、PT－76より四年遅

PT－76は重量一五トン、最大装甲四〇ミリの軽戦車であり、同じ軽戦車といっても南軍の使用しているM41ウォーカー・ブルドッグと比較して弱体である。

しかしT54／55（ベトナムに登場したのはT55あるいは中国製の59式が多い）は重量三六トン、一〇〇ミリL56砲を装備した新型のMBTである。米軍のM48A1パットンの部隊配属が一九五六年であるから、T55の優位は明らかである。

この戦車の登場は米・南軍に大きなショックを与えた。そしてT55の能力を高く評価した〝北〟は、一九七二年の〝イースター攻勢〟からこの戦車を先頭に立てて〝南〟への攻撃を開始した。ひらけた地形で堂々と進撃する戦車は、すぐにアメリカ空軍の発見するところとなり、T55は米軍ジェット戦闘機の集中攻撃を受けて次々と破壊されていく。

一時USAFはこのT55のことをInitially-Ineptly、（先頭に立つ愚か者）と呼んだ。〝北〟側は制空権のない区域で戦車を用いることの愚をすぐに覚り、そのあとPT－76、T55とも遮蔽物のある場所で歩兵支援用に用いることになる。

この戦訓は、アメリカ軍が〝ベトナム化〟政策によって撤退するまで忘れられることはなく、したがって戦争中アメリカ軍対北ベトナム軍との戦車戦闘は皆無に近い。

しかし前述のイースター攻勢のさい、南北両ベトナム軍による激しい戦車戦が一六度線南

のクアンチ省で発生した。

○南ベトナム軍
M41ウォーカー・ブルドッグ　六〇台
M48A3パットン　二〇台
○北ベトナム軍
T54／55　八〇台
PT－76　二〇台

によるもので、これにそれぞれの対戦車部隊が加わり、二ヵ月間戦闘が続く。戦車同士の戦いに、南軍のTOW、北軍のサガー対戦車ミサイル（ATM）が投入されたため、ほとんどの戦車が破壊され、勝敗は引き分けに終わっている。

このあとPT－76、T54／55は、少数のT34／85と共に数台ずつ戦闘に参加するが、いずれも米軍の航空機（特にロケット弾、のちには高性能対戦車ミサイルTOWを使用）によりほとんど全部が撃破される。

NVAの戦車が最も大量に出現したのは、一九七一年の二月～四月にかけてのラムソン719作戦の時で、この三ヵ月間に共産側は一〇六台（装甲車を含む）を失っているから、少なくとも一五〇台程度の戦車（大部分PT－76、一部にT34／85）を投入していたと思われる。

この時、米軍、南軍の装甲車輌の損失は七五台となっている。

一〇六台の喪失原因は、七〇パーセントが航空機に、一五パーセントが地上火器に、残りの一〇パーセントは種々の理由で放棄、五パーセントは原因不明である。

一方、米軍側では七五台のうちのほとんどが敵の地雷によるものである。

特にAH－1、UH－1Bヘリコプターに搭載されたTOW有線ガイドミサイルは、共産軍のPT－76、T54／55に対して驚異的な威力を発揮した。アメリカのジョージア州フォートブラッグにある陸軍航空博物館を訪ねれば、その一隅に「ベトナム戦争における対戦車ヘリコプター」というコーナーがある。

それによると二機のUH－1ヘリの八発（各四発）のTOWで、一〇分間に七台のPT－76を撃破した、とのことである。このコーナーを案内してくれた将校も、ベトナム戦争において〝北〟側の戦車を破壊するのは容易であり、より難しいのは戦車の発見であった、と述べていた。

そのためM48の戦車砲およびM551のシレーラミサイルによるT54／55の戦果の記録はなく、ベトナムにおけるアメリカの戦車はあくまで朝鮮戦争の場合と同様、火力による歩兵支援が主任務であった。

しかし、もしT54／55と米軍のM48の対戦があったとしたら、一〇〇ミリL54砲のT54／55に対して九〇ミリL50のM48A3は苦しかったと考えられる。同じM48でも、一〇五ミリL51を装備したA5、またその発展型のM60なら、あらゆる機構（特に照準システムと信頼性）のすぐれた点を発揮して有利であった。

オーストラリア軍のセンチュリオンは旧式のMk5であり、主砲は八三ミリL70である。したがって能力としてはT54／55より多少劣ったが、もしオ軍のベトナム駐留が長引けば、Mk7、8の一〇五ミリ砲搭載センチュリオンが登場したであろう。なおオ軍は一九六八年三月にベトナム戦に参加し、一九七一年の八月に撤退している。

三〇〇億ドルを超える戦費と五万五〇〇〇人の戦死者をあとに、アメリカはベトナム戦争から手を引いた。

ベトナムにおける激しい戦闘が、アメリカにとって必要であったのかどうか、議論は今でも続いている。しかし南ベトナムを解放↓統一（南側から見れば侵略）しようとした北ベトナムの野望が、実現したことだけは確かである。

一五年にわたるベトナム戦争において、北ベトナムの支払った代償は不明である。また南北衝突後の人員の損失は、アメリカ、南ベトナムの一に対して、NLF、北ベトナム二・五〜三という比率がほぼ正しいといえるだろう。

敵の二・五〜三倍の出血を覚悟して、北ベトナムはその目的を完全に達成した。この程度の人命の消耗は彼らにとっては十分に耐えられるものであった。

もちろん北爆によって北ベトナムの重工業、輸送網、エネルギー供給源は多大な損害を被ったが、経済面のマイナスは比較的容易に回復できる。一方、軍事面では北ベトナムは物資の点でも、また技術の点でも多大な損失を受けたどころか（人命を除いては）、大きなプラスとなった。それは次の数字が何よりも雄弁に物語っている。

戦いが終了した時点で北ベトナムは、次の兵器を入手することができた。

中型戦車および軽戦車　五五〇台
各種装甲車　一二〇〇台
大口径砲　一三〇〇門
戦闘機　二〇〇機
輸送ヘリコプター　五〇〇機
輸送機　一〇〇機
小型舟艇　八〇隻

それに加えて大量の弾薬、スペアパーツ。これらの軍需品は数億ドルに達した。また前述の兵器の量は、わが国の自衛隊の総兵力から海上兵力を除いた分に相当する。この結果、北ベトナムの軍事力は歩兵二五個師団、砲兵四五個連隊、六〇個対空砲旅団、三〇個戦車大隊という強力なものになった。そしてその中には完全装備のF－5ジェット戦闘機二個中隊も含まれている。それらは一九七八～七九年の中国・ベトナム（中越）戦争を戦い抜く重要な戦力となったのである。

一五年にわたった独立／統一戦争に完全勝利した北ベトナムは、休息もとらずに東南アジア（特にカンボジア）において勢力を伸ばそうとした。しかし兵員一人当たりの戦力としては、イスラエル軍とともに世界最強のベトナム軍が、次の戦場カンボジアではより弱体の軍隊に敗れるのである。

第二次中東戦争（一九五六年十月〜十一月）

一九四八年、アラブの国々の真っただ中に独立したユダヤ国家イスラエルは、誕生と同時にアラブ人、イスラム教徒との戦いに終始する。特にシナイ半島の西に位置する当時のエジプトは、民族意識の高揚とともに反西欧、反イスラエルの旗印をかかげ、軍事力の増強をはかっていた。

一九五六年、ナセル大統領のスエズ運河国有化宣言後、英・仏軍はスエズに進攻、また同時にイスラエル軍は東からエジプトの国境を越えた。

ここではこの第二次中東戦争の分析を、スエズ戦線とシナイ半島の戦いに分けて考えることにし、まず後者の戦闘に目を向けてみよう。

シナイ半島は一部の緑地を除いてそのほとんどが砂漠であり、戦車戦の舞台としては絶好の場所である。それはここから約一〇〇〇キロ離れた北アフリカの地域と同様で、十数年前にその場所で行なわれたものと似た戦車戦闘が、一九五六年十一月の開戦と同時にはじまった。

エジプト側の戦車は、T34／85、一〇〇ミリL54砲を装備したSU－100駆逐戦車、それにイギリス製のアーチャー自走砲（一七ポンド砲）で、ほかにM4シャーマン、センチュリオン（Mk3および少数のMk5）、そしてフランス製の軽戦車AMX－13（七五ミリ砲）である。発展途上国の常として多数の国々から種々の兵器を買い入れているが、このエジプトもその例にもれず兵器の統一性に欠ける。

一方、イスラエル軍の主力戦車はM4シャーマンであったが、一部にセンチュリオンが加わっている。ただしイスラエルのシャーマンはフランスのスクラップ業者から買い取った旧式のもの、また同じくフランス陸軍から提供された真新しいM4A3E8、古いM4A1の車体にフランス製七五ミリ砲を載せたものなど多種多様である。

しかしアラブ側が大量の兵器を入手しながら使いこなしていなかったのに対して、イスラエルは兵器のコンディション、兵員のテクニックとも最良の状態にあった。これは第一に国民の教育密度の差にあったと言っても過言ではない。たんに数からいえばエジプトはイスラエルの二～三倍の戦力を有していたはずである。

シナイ半島の戦車戦は要地・ミトラ峠の争奪戦からはじまった。

この戦闘にはM10（七六ミリ長砲身砲）を装備したフランス型（？）のシャーマン（フランス陸軍の呼称はM50型シャーマン）が多数参加し、SU－100、T34／85などのソ連製戦車と戦った。朝鮮では多くのM4を痛めつけたT34／85であるが、ここでは訓練度の差が著しく、M4の圧勝に終わっている。しかし通常の戦いならM4はT34／85の敵ではない。厚い装甲、強力な八五ミリ砲に加えて、幅の広いキャタピラに支えられた運動性は、同じ条件ならM４を圧倒するはずである。

またより強力な砲と装甲を有するSU－100駆逐戦車は、機動戦に巻き込まれなければ、最も有効な〝シャーマン殺し〟になり得る。

事実十一月一日の戦闘では、エジプト第1機甲師団の二台のSU－100は、砂丘の陰から突進してくるイスラエル第7機甲師団のM４を狙い撃ちにし、四台のシャーマンを完全に破壊した。そのあとも低く身を潜めるSU－100をイスラエル戦車は発見できず、進撃を停止した。結局この二台のSU－100は、背後にまわった四台のジープ搭載のバズーカによって撃破されるのである。またシャーマンの主砲についてM４A２系の七五ミリL41（威力指数六六）、七六ミリL52（同八六）のいずれもT34／85の八五ミリL54（同一〇〇）に劣り、かなりの接近戦を強いられたであろう。

これらの砲弾が一〇〇〇メートルの距離からT34／85の装甲を貫くこともあったが、仕留めるには平均二発の命中弾が必要であったとされている。またT34／85の砲弾は、もし命中すればM４のどこでも一発で破壊することができた。したがって同程度の技量を持った乗員によって操縦されれば、T34／85の優勢は明らかであろう。この状況を痛切に感じとったのは、もちろん当事者のイスラエル陸軍で、彼らはすぐにシャーマンの主砲の威力向上をはかり、それは下記のように実現する。

	口径	砲身長	威力（威力指数）
M４A２	七五ミリ	四一	六六

M4A3E8	七六	五二	八六
スーパーシャーマン	七六	六二	一〇三
アイシャーマン	一〇五	五一	一一七

このうち一〇五ミリ砲を装備した砲塔をM4の車体に取り付けるのは、極めて困難であったに違いない。しかしイスラエル技術陣の努力は効を奏し、このI・シャーマン（イスラエル・シャーマン）は第三次中東戦争において最新式のT54／55中戦車さえ、撃破するのである。

ともかく個々の小さな勝利はあったものの、エジプト軍戦車はイスラエル軍によって大打撃を受けて、保有台数の四〇パーセントを失う。

歩兵の白兵戦ならいざ知らず、最新兵器を駆使して機動戦を行なうような戦争では、兵士の質が決定的な要素となる。そしてそのためには高度な教育と訓練がその決め手であった。

フランス製の新型軽戦車AMX－13はこの戦いに両方の側にたって参加した。高性能の七六ミリL62砲を装備した重量一五トンに満たないこの小型戦車は、期待通りの活躍をした、と報じられた。たしかに軽く小さな車体と高威力の主砲は、スペックの上からは活躍しそうな気もするが、それにしては実際の戦闘記録はほとんどない。やはりこの車輌にとっては薄い装甲が災いして、本格的な戦車戦への参加は重荷ではなかったか。砂漠での戦車戦は身を隠す場所も少なく、多少の被弾を覚悟の殴り合いである。このような戦場で中・重戦車とまじって戦うには、AMX－13は非力すぎると考えられるのである。甘く見積もってもこのフランス製の軽戦車は、「ある程度の対戦車能力を有する偵察用戦車」でしかなかったのではあるまいか。

この戦争でイスラエルは、それまでの自国の戦闘能力が計算通りであると満足し、同時にエジプトは兵士の質的向上がなにより必要であることを知った。しかしエジプトの教訓は生かされぬまま一一年後の「六日間戦争」を迎えるのである。そしてその戦争で自国の力を過信したイスラエルは、一九七三年の第四次戦で高い授業料を支払うことになる。敗北したエジプトはソ連に対する傾斜を強めて行くが、それがまた反ソ感情を国民の間に増長させて行くのであった。

第二次中東戦争（シナイ半島をめぐる戦い）一九五六年：イスラエル対エジプト

	イスラエル	エジプト
兵員	一〇万名	一〇万名
戦車	二八〇台	四五〇台
装甲車	二四〇台	二五〇台
大口径砲	八七〇門	七七〇門

戦闘用航空機　一六〇機　二三〇機

シナイ半島で激しい戦いが続いている十月三十一日、エジプト軍のスエズ地区からの撤退拒否の通告を受け取った英・仏軍は、この紛争に実力で介入する。

攻撃は運河沿いの航空基地を空母の艦載機で爆撃することからはじまった。これによりエジプト空軍は六〇パーセント近い航空機を失う。

この英・仏軍の先制航空攻撃は十一月四日まで続き、これは航空基地だけではなく地上の軍事目標すべてに対して行なわれ、スエズ地区にあったエジプト軍の多数のT34／85、JSⅢ、およびSU－100が損害を受けた。

十一月五日、東から運河地帯に接近するイスラエル軍に呼応して、英・仏軍の侵攻が本格的に開始された。まず一二〇〇名の空挺部隊の降下に続いて、ポートサイド市に上陸部隊が殺到した。また数こそ多くないものの史上はじめての艦船からのヘリボーンも行なわれた。

順調に作戦が続行したのもここまでで、ポートサイド市内を占領しようとした英・仏上陸軍は、激しい市街戦に巻き込まれる。海上、空では全く脅威とならなかったエジプト軍ではあったが、地の利を知った市街戦では善戦し、スケールは小さいものの二〜三回の激しい戦車戦闘が行なわれた。これは市内の重要な拠点を奪取しようとする英海軍コマンド部隊の支援に呼び寄せられたセンチュリオン5と、拠点を守ろうとする歩兵部隊の応援に駆けつけたSU－100自走砲とのポートサイド市内での戦車戦である。

回転砲塔を持ったセンチュリオンに対して、旋回できない主砲を持つＳＵ－100では、後者が圧倒的に不利であると思われた。特にそれが石造りの家や電柱、停車したままのバスなどが密集している市街においての戦いである。一方八四ミリＬ67という長砲身のセンチュリオンも、その主砲を自由に振りまわせず、こちらも制約はあった。

しかし市内の地理を熟知している二台のＳＵ－100はうまく戦い、エジプト軍のたてこもった郵便局を砲撃する三台のセンチュリオンの後方にまわり込んだ。砲塔を旋回させて背後を警戒していた戦車は一台だけで、ＳＵ－100は奇襲に成功し、一〇〇ミリ砲弾を次々とセンチュリオンに命中させた。一台はすぐに炎上し乗員は全員戦死した。他の一台も損害を受け、乗員は戦車を棄ててその場を逃れていった。

ただ一台残った英戦車は反撃し、ＳＵ－100の前部装甲板に二発の命中弾を与えたが、至近距離で弾丸の飛翔速度が速かったにもかかわらず、装甲板を貫通できなかった。これによりセンチュリオンはすぐに退却し、この戦争を通じて数少ない勝利をエジプト陸軍はものにしている。

次の戦車戦はその数時間後、放棄されたセンチュリオンを捕獲して運び去ろうとしていたエジプト軍と、それを取り戻そうとした英軍の間で行なわれ、センチュリオン、ＳＵ－100それぞれ一台が損傷を受けた。しかし英軍は航空支援を要請したため、エジプト軍は撤退し、翌日にポートサイド市は英・仏軍の手中に入った。

この直後、ソ連は英・仏・イスラエルに対して強硬な抗議を行なった。またアメリカがそれに反対しなかったため、英・仏は停戦に同意せざるを得なくなった。六日の朝、エジプトはスエズ運河内に多数の船舶を自沈させ、運河を占領しようという英・仏の目的を不可能にしてしまった。このあと数年にわたり、仏人レセップスにより開発された大運河は使用不能となる。

エジプトと英・仏間の戦闘は一週間で集結したが、両軍の損害は次のとおりである。
エジプト軍：航空機二三〇機、小型船舶二四隻、死傷者約二〇〇〇名（半数はスエズ市民）、戦車二七台（ほとんど空爆による）。
英・仏軍：航空機一四機（七機全損、七機損傷、事故の分を含む）、舟艇四隻、死傷者約二〇〇名（七五パーセントが英軍）、戦車、装甲車七台。
イスラエル、イギリス、フランス軍とも一ヵ月後には国連の決議により順次撤退し、この地方に束の間の平和な時がやってきた。

イギリス陸軍はセンチュリオン戦車の信頼性に満足しながらも、二〇ポンド砲（八四ミリ）の威力不足を痛感し、一〇五ミリ砲の開発に取りかかった。またフランスは自国に適当な中戦車がないことを知り、ＡＭＸ－30系列の開発を急ぐ。
エジプト軍は、新しい兵器を装備していても訓練の度合いが高くなければ、その能力を十分に発揮できない事実に気づいた。しかしその対策が講じられないうちに、第三次中東戦争を迎えるのである。

第三次中東戦争（一九六七年六月）

一九六七年六月五日に開始されたアラブとイスラエルの戦いは〝六日間戦争〟と呼ばれている。

たしかに六月五日の月曜日に戦争ははじまり、同月十一日の土曜日に戦火はやんだ。イスラエルは周辺のアラブ七ヵ国と戦ったが、実質的な交戦相手はアラブ連合（エジプト）、シリア、ヨルダンである。

そのうちアラブ連合とヨルダンについては、開戦後三日半（八五時間）にして停戦した。残るシリアは停戦まで一四四時間を戦い続けるのである。

参加国の兵力の大要は別に示す。損害としてイスラエル軍は六二九名の戦死者と一七〇〇名の負傷者を出した。一方、アラブ側の人的損失はイスラエルの発表によるとヨルダン二万、エジプト二万、シリア一万（死者、負傷者、捕虜を含む）となっている。あまりに大きすぎる数字ではあるが、ヨルダンのフセイン国王は、「この戦争におけるヨルダン人の死亡、負傷は一万四〇〇〇人に達した」と発表している。

一方、国連の推測では数字は全く異なっており、次のとおりである。

スエズ戦線　　死海（ヨルダン戦線）　　ゴラン高原（シリア戦線）

イスラエル　二七五／八〇〇　二九九／一四五七　一一五／三〇六
アラブ　一万／二万　一〇〇〇／二〇〇〇　二五〇〇／五〇〇〇
上段が戦死者で下段が負傷者であり、このトータルはイ軍六八九／二五六三、アラブ軍一万三五〇〇／二万七〇〇〇名となる。

戦争はイスラエル空軍の敵基地攻撃にはじまり、あとはイ軍の圧倒的勝利であった。この事実は戦争終結直後、アラブ連合のナセル大統領が辞任したことからも明確である。

エジプト、ヨルダンは開戦二日間にして空軍、機甲部隊の大半を失い、シリアのみが戦い続けた。しかしその抵抗も長くは続かず、六日目にして停戦を迎えた。

さてこの戦争における戦車戦を検討してみよう。

原則としてアラブ側はソ連製の兵器、イスラエル側は西欧（アメリカ、イギリス、フランス）製の兵器で戦った。

戦車に関しては、

○イスラエル軍
センチュリオン5、6型、M48パットン
M4スーパー／アイ・シャーマン、AMX－13軽戦車
○アラブ軍
M48パットン、T54／55、T34／85

が使用された。これらの戦車の主砲は次のとおりである。

イスラエル　　　　　　　アラブ
八四ミリL67（一二三）　一〇〇ミリL54（一一七）
九〇ミリL50（九八）　　九〇ミリL50（九八）
七六ミリL62（一〇二）　八五ミリL54（一〇〇）

となっているから、攻撃能力についてはほぼ同等であった。

しかし実際には第三次中東戦争と同様に、アラブ陣営はすべての戦い（空、陸、海）に敗れた。特にその機甲部隊の大半は、第二次戦と同じ場所、シナイ半島中央のミトラ峠で全滅している。この峠は砂漠を東西に分ける重要な道路上にあるが、道幅は広いところでも四〜五メートルしかない。

この東側から西へ逃れようとしたエジプト軍は、先回りしたイ軍コマンド部隊に峠の出口を塞《ふさ》がれ、狭い路上に立ち往生する間にイスラエル空軍の攻撃を受けた。この空からの襲撃は徹底的で、アラブ戦車群はまるでノルマンディ地区におけるドイツ地上軍のような大損害を記録している。

これ以外にいくつかの戦車戦闘が行なわれたが、アラブ兵は仲間の戦車が炎上するのを見ると、自分の無傷の戦車を放棄して逃げ出す例も多数みられた。こういった具合では戦車の能力など検討しても意味がない。やはり人口わずか三五〇万、一度戦争に敗れると国が消滅すると考えているイスラエル人と、人口四〇〇〇万の大国であるエジプト人との意識の差であろうか。

同じアラブでもエジプトより、シリア、ヨルダンの方が戦意が高く、特にシリアはエジプト、ヨルダンが停戦に応じたあと二日間にわたって強敵イスラエルと戦っている。しかし戦闘においてはイスラエル軍の勝利は明確であった。

六日間の戦争が終わってイスラエルは、開戦前より二五パーセント戦車数を増やした。開戦時にイスラエルは約六〇〇台の戦車を有していたが、損傷した戦車一二〇台に代わって二五〇台以上のソ連製戦車を（ほとんど無傷で）捕獲したのである。これらの八〇パーセントがT54／55であったので、イスラエルはさっそくこの戦利品を有効に利用した。

六年後の第四次中東戦争時に約一九〇台（一説には一五〇台、あるいは二五〇台）のT54／55がイスラエル戦車隊の一部として登場したのである。それどころかその半数は、イギリス製一〇五L51砲を装備していた。

イスラエル軍は別表のとおり古いM４を改造に改造を重ねて使用している。そしてこれに加えて、他の国にはない一〇五ミリ砲付きのT54／55を手に入れたのである。

この戦争ではエジプト、シリア、ヨルダンとも種々の教訓を学んだ。ヨルダンは、イスラエルにうかつに手を出すとひどい火傷を負うこと、エジプトはイスラエルの機甲、航空兵力への対抗手段を早急に持つこと、シリアは戦車兵の能力を向上させること、などがその教訓である。

イスラエルは、このままの戦術を維持するのが正しいと考えた。

結果は六年後に、両軍にその解答を与えるのである。それは正しかったところもあり、また間違っていたものもあった。

いずれにしてもアラブ諸国は、イスラエルというユダヤ人国家の存在を表面的には認めないものの、現実としては認めざるを得ない状況を少しずつ悟ったのである。

この項の最後にイスラエル陸軍によるシャーマン戦車の改良過程を掲げておく。

同陸軍は乏しい予算のなかで、なんとか威力のある兵器を維持しようとして、建国から十数年、涙ぐましい努力を重ねてきた。

初期にはスクラップ（鉄くず）として購入した旧式のＭ４シャーマン戦車を戦力化し、そしてアメリカ軍さえ成し得なかった能力向上計画を着実に実行に移していった。

前述のように、シャーマンの能力向上は攻撃力のみに限られ、機動力、防御力はそのままであった。にもかかわらず第二次、第三次中東戦争においては、より新しく、より強力なアラブ諸国軍のソ連製戦車を撃破したのである。

この事実は、兵器というものの威力、能力が工夫次第で大幅に向上できることを示している。

イスラエル陸軍によるシャーマン戦車の改造

○M4A1　七五L41（威力指数六七）
初期の量産型、重量約三〇トン、第二次大戦中に世界各地の戦場で活躍。
○M4A3E8　七六L52（　〃　八六）
第二次大戦末期に登場、朝鮮戦争でT34／85と対決。重量は三二・五トンに増加。
○ファイアフライ　七六L55（　〃　九一）
シャーマンシリーズ（第二次大戦中）の最強型。ドイツ重戦車群と対決。重量三五・八トン。
○FLシャーマン　七六L62（　〃　一〇三）
エジプト軍、イスラエル軍ともに使用。イスラエル軍はこのタイプをスーパーシャーマンと呼んだ。
重量三二トン、重量増加のため速度は三〇キロ／時に低下。機動性著しく低下。
○アイシャーマン　一〇五L51（　〃　一一七）
重量三九トン（後期型では四一トン）、エンジン四六〇馬力ディーゼルに。時速四〇キロに向上。

第三次中東戦争（イスラエル対アラブ七ヵ国）一九六七年六月五日～十日

	総兵力	戦車	装甲車	航空機
イスラエル	二六・四万名	六〇〇台	七五〇台	三五〇機

エジプト	二四万	六五〇	一〇二〇	四五〇
シリア	五万	四〇〇	不明	一二〇
ヨルダン	五万	二〇〇	三五〇	四〇
イラク	七万	三五〇	二〇〇	二〇〇
サウジアラビア	五万	一〇〇	一二〇	二〇
アルジェリア	六万	一〇〇	一〇〇	一〇〇
クウェート	〇・五万	二五	七〇	一〇
アラブ側の合計	五二・五万名	一八二五台	一八六〇台プラス	九四〇機

※一部に推定あり

第四次中東戦争（一九七三年十月）

一九六七年の六日間戦争から六年後の一九七三年十月、再び激しい戦火が中東を襲った。ミサイルを主とする精密誘導兵器を豊富に持ち、その使用方法をマスターしたアラブ連合（エジプト）軍が、シナイ半島のイスラエル軍を大兵力をもって攻撃したのである。

十月六日に開始された戦闘は緒戦はアラブ側の成功に終わり、イスラエルがスエズ運河沿いに設けたパーレブ・ラインは完全に突破された。反撃したイスラエル軍機甲部隊は、エジプト軍の対戦車ミサイルの集中攻撃を受け、大損害を出している。

一時的にはシナイ半島のイスラエル軍は潰滅状態にまで陥ったかのようにみえた。しかしなんとか戦線を保ち得たイ軍は、開戦一〇日目から得意の戦車を駆使した機動戦を展開する。アラブ側の兵力が豊富な中央戦線では膠着状態に持ち込み、北部戦線では二個機甲旅団をエジプト領に向け強行突破させた。

このためエジプト軍は攻勢を維持したい反面、自国内に侵攻してきた敵を排除する必要が生じる。

そしてスエズ市付近のイスラエル戦力を撃退することに失敗した時点で、休戦を受け入れたが、この間、二週間が経過していた。

シナイ、スエズをめぐるエジプト、イスラエルの戦闘と共に、シリア、イスラエル国境でも同時期に激しい戦闘が行なわれた。しかし本項では、より大きな戦闘が行なわれたシナイ半島の戦いを主として取り上げる。

この方面の戦いでは機甲兵力の使用方法について、非常に明確な事柄が相反する形で表われた。そのひとつは、対戦車ミサイルに対する戦車の脆弱性である。

砂漠のような、有効な遮蔽物のない場所を突進する戦車群は、対戦車ミサイルの攻撃にほとんど対抗手段がないという事実である。

スエズ運河を渡河してきたエジプト軍歩兵部隊の反撃に急行したイスラエルの機甲旅団

（M60、センチュリオン中戦車装備）は、敵部隊をはっきりと視認しないうちに飛翔音と共に飛来するソ連製サガーミサイルの集中攻撃を受けた。十月六、七、八日の三日間で、イスラエル側は二六五台の戦車を失った。このうち六五パーセントは、サガーによるものといわれている。

もはや多数の対戦車ミサイルを用意している歩兵部隊は、簡単に戦車集団を撃滅できるのであった。ある軍事評論家は、「その戦闘は歩兵部隊が敵戦車群に圧勝した史上唯一の例である」と評価しているほどである。

一方、イスラエルが十月十六日から開始した少数の戦車とコマンド部隊によるスエズ運河西岸（エジプト領）進攻作戦は、戦車の有効性を確実に立証した。のちに戦車二〇〇台を有するまでに成長したこの部隊は敵陣深く突っ込み、戦車得意の機動力を発揮、対空ミサイル、砲兵、後方陣地などを次から次へと破壊していった。

エジプトとしては、自陣内に侵入した敵戦車部隊を撃滅する力はなく、シナイ正面の兵力をさいて、この敵に当てるしか方法がなかった。この決定に数十時間が費やされ、この間にもイスラエル軍戦車部隊は戦力を増強していたから、エジプト側としてはもはや手の打ちようがなく休戦に同意したのである。

イスラエルは緒戦の戦車の大量損失により危機におちいり、また後半は戦車の活躍によって危機を脱したのである。そして敗北しつつあったイスラエルはなんとか引き分けの休戦へと持ち込むことができた。

さてこの第四次中東戦争では、第二次大戦中のクルスク戦以来の大戦車戦が行なわれた。戦闘に参加した戦車の数は、両軍で一〇〇〇台を上まわっている。ミサイルが使用されなかった戦車戦では、従来どおりイスラエル戦車隊の圧勝に終わった。

それではこの戦車戦闘について調べてみることにしよう。

まず両軍が使用した戦車であるが、シナイ半島は主戦場ということもあって、両軍の最新の主力戦車が投入されている。多くの例外はあるものの、エジプト側が主としてソ連製の兵器、イスラエル側が西側（ヨーロッパ、アメリカ）製の兵器を使用したのは前述のとおりである。

ここでは戦車の型式を絞って、イスラエルとエジプトそれぞれ二種のMBTについて考えよう。

○イスラエル軍

アメリカ製M48、M60

イギリス製センチュリオン10

○エジプト軍

ソ連製T54／55、T62

まず主砲の威力については、T62の滑腔砲《かっこうほう》が全く新しいもので威力が大である。砲身内にライフルがないので初速が大きく、また弾体が回転しないため、HEAT弾（成形炸薬弾）の効果が著しく発揮される。しかし一方で射撃照準システムなどの電子装置ではM60、センチュリオン10が優れているので、砲を含んだ射撃システム全体として、T62とM60、センチュリオンは能力的に等しいと判断できる。

となると、あとは照準手の腕によるところが大きい。これは教育程度からいって、イスラエル軍将兵の方がアラブ側より数段すぐれている。この差がそのまま戦車戦に表われたらしく、初弾命中率はイスラエル：三対アラブ：一の割合であったという。

機動性についてセンチュリオン10は、T54／55、T62と比較して大きく劣る。同車は最終型の10型でもガソリン・エンジン装備であるし、またM60の戦闘重量は五〇トンに近く、ソ連製MBTより五〇パーセントも重い。しかし機動性はかなり良く（指数一〇〇）、この戦線の主力として十分に働いている。

防御力についてT54／55、T62の方が西側のものよりずっと良くなっているが、これは数値のとり方と、戦車の設計思想による。

この計算に組み入れられる装甲厚の数値は砲塔前面のものである。ソ連製の戦車は全般的に前面装甲のみを厚くし、それ以外の部分とは大きな差がある。これは他の部分の装甲を少々薄くしても戦闘重量を軽減し、機動力を発揮させようとする思想によるものであろう。

一方センチュリオン、M60は共に重装甲で、被弾時の損傷を最少限にとどめようと考えているようである。特に朝鮮戦争においてもその優れた防御力によって称賛を受けたセンチュリオンは、二〇年以上後の中東戦争でも同様の評価を受けた。

これは各国の陸軍とも最高の秘密と考えられるが、「被弾した戦車の乗員の死傷率」といったパラメータがもしあれば、センチュリオン、チーフテンなどのイギリス戦車は最良といった評価を受けるであろう。

これらの点から考えると、どうも東側は〝質より量〟、西側は〝量より質〟の戦車設計思想を堅持していると見ても良いようである。

さて、イスラエル側のM48、M60、センチュリオン10は、エジプト軍のT54／55、T62と戦い、戦車戦闘に関しては圧倒的な勝利を収めた。スエズ中央の戦区では三〇台のM48、M60、センチュリオンが約一〇〇台のT54／55と遭遇し、三時間の戦闘で八六台のT54／55を撃破、自軍の損害はわずか四台であった。また北部戦線では約二〇台のイスラエル戦車が、エジプト軍の一〇台と対戦し、エジプト戦車は一〇分後に全部が炎上、イ軍の損失は一台のみ、という事実もある。

ともかく他の兵種が介入しない純粋の戦車戦闘では、常にイスラエル軍が勝利したことは確実である。

第四次中東戦争では、このほかにもイスラエル側がアイシャーマン（イスラエル・シャーマンM4）や、イギリス製一〇五L51砲装備のT54／55を多数（約一五〇台。第三次中東戦争で捕獲したT54／55に大改造をほどこしたもの）使用している。もし機会があれば、この珍しい（他の国には絶対に存在しない）戦車も比較の対称としてみたい。

さて次はゴラン高原の戦闘である。イスラエルが〝北方戦線〟と呼ぶこの戦場では、イ軍に対して主としてシリアが対戦した。

ほかにもアラブ側にはイラク、モロッコ、アルジェリア、リビア、ヨルダン、サウジアラビア、スーダン軍が小兵力ながら参加している。クウェート、パキスタン、イラクも物資援助を行なったので、イスラエルは実に一二ヵ国を相手にしたことになる。

このゴラン高原で行なわれた戦車戦は、シナイのそれより、規模こそ小さいものの、より激しかった。

理由はシリア、イスラエル国境線の距離である。エジプト、イスラエルの国境が一〇〇〇キロを超すのに、こちらの国境線はわずか一〇〇キロに満たない。北にレバノン、南にヨルダンがあり、この両国はイスラエルに強い敵意はもっていない。したがってシリアとイスラエルの国境地帯だけが北方戦線の主戦場となったのである。

シリアはここに一〇〇〇台近い戦車を有する機甲部隊を集中させ、国境を越えると同時に地中海に面したイスラエルの港町ハイファまでの強行突破を試みた。これが成功すれば北部イスラエルは完全に二分されることになる。

十月六日午後二時、砲兵に援護されたシリア機甲部隊は一気に国境を越え、そのうちの一部は三五キロまでイスラエル領に侵入した。

しかし三日たった十月九日からイスラエルの反撃が開始された。

まず空軍が、シリア側の支援部隊を徹底的にたたき、続いて四五〇台のセンチュリオン7、M48（一〇五ミリ砲装備）、M60戦車が戦車戦を挑んだ。シリア側にはエジプトと違って対戦車ミサイルが少なく、したがって戦車同士の戦いが十月九、十日の二日間にわたって続いた。

シリアの戦車のほとんどがT54／55で、一部に旧式なT34／85も混じっている。

T54／55の一〇〇L54砲は、イスラエル戦車の一〇五L51と比較して砲弾の威力はほぼ等しかったが、射程が短く不利であった。またこの戦闘に関するアメリカの資料によると、戦場が丘陵地帯のため、砲の俯角（下向きに射撃可能な角度）が勝敗に大きく影響したとのことである。

センチュリオン、M48、M60の主砲が俯角一〇度まで下がるのに対し、T54／55はわずか四度までしか下がらない。したがって高い場所にある陣地からでは、低地を進んでくる戦車を撃つことができなかった。

またシリアの対空ミサイル陣地をあらかじめ空軍が破壊し、戦場の制空権はイスラエル側にあった。このためイスラエル戦車隊は常に上空からの支援を受けることができた。

長射程の主砲、俯角の大きさ、航空支援が、この戦線でのイスラエル機甲部隊の勝利の鍵となった。シリアはゴラン高原での戦闘で六七〇台を超える戦車、装甲車を失った。

　これに対してイスラエル軍は一二〇台の戦車とほぼ同数のAPC（装甲兵員輸送車）を破壊されている。ただしスエズ戦線の場合と異なってイスラエルは戦場を確保したので、かなりの数のT54／55をシリアから捕獲したはずである。

　シリア機甲部隊を撃滅したイスラエル軍は、もし望むならば、シリアの首都ダマスカスまで（距離約二〇〇キロ）到達できたであろう。しかしそうなれば隣国のヨルダンが間違いなく介入するから、国境線でとどまるより仕方がなかった。そしてこの戦線では開戦後一週間で膠着状態に入ったのである。

　イスラエル、シリアの戦いでイスラエル軍は、西欧製の戦車の能力に満足した。熟練した戦車兵が操縦すれば旧式ともいえるM48でも、T54／55を撃ち負かすことは容易であった。また被弾時の損傷度もセンチュリオン、M60の方がソ連製戦車より少ない事実が判明した。

一方シリアを含むアラブ側は、一〇〇L54の主砲では戦車戦のさいの能力不足を痛感した。古いと言われるセンチュリオン、M48、M60もイスラエル兵によって運用されれば強力な戦車となっている。もし再度戦火が上がればどうしても一一五、一二五ミリ砲装備の戦車（T62、T72）が必要となる。

　また多少価格が高くなっても、重く強力な装甲を持つ戦車の方が、対戦車戦闘には有利であるという結論を得たと考えられる。これらの情報は、当然アラブのバックアップ・カントリーであるソ連に届いているはずである。

さて二〇日間で終了した第四次中東戦争だが、短期間の割には両軍の人員ならびに兵器の損失は驚くべき数となった。

イスラエルはスエズの戦場で戦死一六〇〇名、戦車五五〇台、航空機七〇機を失い、これに対してエジプトは戦死七七〇〇名、戦車五八〇台、航空機二〇〇機である。このほかイスラエルは戦車一二〇台、兵員七七〇名、航空機四五機をシリア戦線で、シリアの戦車六七〇台、兵員二〇〇〇名、航空機四〇機の代償として失っている。損傷した戦車を加えるとイスラエルは保有戦車の五〇パーセントを失った。このためアメリカはロッキードC－5大型輸送機を使用してM60を何台か空輸したほどである。

このあとエジプト、イスラエルは和平へと歩みはじめるが、イスラエル、シリアの関係はその後も正常とは言えぬままである。

第四次中東戦争（シナイ半島の戦い：イスラエルは全兵力）一九七三年十月六日～二十日

	イスラエル	エジプト
総兵力	一一・五万名 予備約三〇万名	三七・五万名 予備五五万名
航空機	六五〇機	七五〇機
歩　兵	九・五万名	二六万名

戦　車　二三〇〇台　二四〇〇台

装甲車　四一〇〇台　一九二〇台

戦車の内訳　M48×六五〇台、M60×三七〇台　T34×二八〇台、T62×四七〇台
センチュリオン×五五〇台　T54／55×一六二〇台
M4×三二〇台　T10×三〇台
AMX-13×二一〇台　PT-76×一五〇台
T54／55×一八〇台

装甲車の内訳　M3ハーフトラック×三六〇〇台　BMP×一七〇台、BRDM×四五〇台、BTR系×一四〇〇台
M113APC×五〇〇台

中国／ベトナム（中越）戦争（一九七九年二月～三月）

一九七九年二月、中国軍は宣戦布告なしに国境を突破し、ベトナム北部に侵入した。これは前年秋からのベトナムのカンボジアへの干渉に〝懲罰〟を加えるという理由からであった。一九七五年に北ベトナムが南ベトナムを降伏に追い込むまで、中国は北ベトナムへの支援を続けていた。しかしベトナム、中国両国は十世紀頃よりたびたび衝突をくり返した歴史を持っている。

この複雑な紛争の背景には、

○在住華僑へのベトナム政府の圧力
○カンボジア国内の混乱
○中国とアメリカ、ベトナムとソ連の親密化
○ベトナムとアメリカ、ソ連と中国との対立

の図式がみられる。

これによりベトナム戦争終了後五年を経ずして、中国と新生ベトナム間の戦闘が開始されたのである。

中国としても、ベトナムを完全に破壊しようとか、ハノイを占領しようと試みたわけではなく、一定の損害を与えて、カンボジアに対する圧力を取り除こうとしたものと考えられる。またベトナムを支援するソ連に対する示威の効果も期待していたはずである。

戦闘は約一ヵ月続き、中国軍はベトナム領に二〇キロほど侵入したが、これは中国が初めから予定していた行動のようである。

これらの経過を見ていくと、このときの中国軍首脳は、完全な限定戦争を想定していたようで、また一方では一九五三年の朝鮮戦争以来、実戦を経験していない中国軍に近代戦を体験させようとしたとも思われる。

戦場となった中越国境は、標高一〇〇〇メートル級の山々が連なる山岳地帯で、戦車同士の戦闘はほとんど行なわれなかった。

戦闘の形態は、航空支援もなく、もっぱら砲撃戦と歩兵による陣地奪取戦に限られた。

一ヵ月後、中国軍は一方的に引き揚げを通告、ベトナム軍もあえて追撃しなかった。両軍によると、人的損害は、中国側二万（死傷、捕虜を含む）、ベトナム側二万七〇〇〇（同）となっている。しかし実数は、この三～四割であろう。

新聞報道で見る限り、一九三八年、日本軍とソ連軍が二ヵ月にわたって戦ったノモンハン事件と同程度の戦闘と思われる。

この中越紛争もノモンハンと同様、短い戦闘期間の割には死傷者が多く、参戦兵力の五～一〇パーセントに達している。

また近代兵器をそろえていたのはベトナム側であり、戦闘経験でも中国軍とは比較にならなかった。ともかく五年前まで南ベトナム、アメリカ軍を相手に一〇年間も戦いつづけているのである。

筆者のたんなる推測であるが、この紛争での損害は、中国軍の方がベトナム軍よりかなり多かったのではあるまいか。

ベトナムは、中国の侵入をあらかじめ知っていたので（たびたび砲撃戦がくり返されていた）、強固な陣地も構築していた。兵士も精強、兵器も最新式であれば、侵入してくる歩兵中心の部隊に大打撃を与え得たであろう。

また中国は、これによって軍の近代化を痛感し、特に機甲、機械化部隊の不足は、軍の再編成の必要性まで感じさせたに違いない。

ベトナム、中国間の戦車戦がどの程度行なわれ、その状況はどのようなものであったかは、

中越戦争で撃破された中国軍の62式軽戦車

全くわからない。

中国側の戦車についての正確な情報もないので、他の戦争のように戦車の性能評価も不可能である。したがってあまり紹介されていない中国軍のオリジナル戦車を紹介するにとどめる。

一、62式軽戦車

T54／55のデッドコピーである59式をそのまま小型化したもの。59式より一五トンも軽くなってはいるが、長砲身の八五ミリ砲を装備している。この砲も中国が独自に開発したもの。

62式軽戦車はこの中越戦争で大量に使われ、少なくとも三〇〇台が参加している。

二、63式水陸両用軽戦車

中国陸軍はソ連製の水陸両用戦車PT－76を、60式として一〇〇〇台近く生産した。しかしこのPT－76（60式）の主砲は七六ミリで、明らかに威力不足であった。そのため前記62式軽戦車の砲塔を60式の車体に取り付けた63式を誕生させたのである。

この63式はベトナム戦争の後半（一九七〇年頃）、北ベトナム軍に供与され、初めてその存在が確認されている。

イラン／イラク戦争（一九八〇～八八年）

中東の大国、イラン・イラク間に軍事衝突が発生したのは一九八〇年九月二十二日のことである。

当時イランは革命後の混乱の中で国際的に孤立しており、その状態を読み取ったイラクのフセイン大統領がイラン領への侵攻をはかった。両国ともイスラム教の国ではあるが、イラクはスンニ派、イランはシーア派であり、戦端を開いた理由も種々考えられる。

ペルシャ、アラブ民族の対立、長年の国境紛争、アラブ諸国内の主導権争いなどである。しかし根底に流れるものはやはり宗教観の相違であり、この戦争はその意味では宗教戦争といえる。

両国の国土、人口の比はいずれもイランがイラクの三倍（イラン四三〇〇万人）であり、正常な状態であれば、イラクはイランの敵ではなかった。

戦いは、まずイラク軍が三ヵ所で国境線を越え、革命直後の混乱が続くイランに打撃を与えた。しかし人的に豊富なイランが徐々に反撃に出て、たがいに消耗戦となり八年が経過した。

両国は陸続きであるが、戦闘は国境線をはさんだ幅一〇～二〇キロの地域に限定されており、互いの首都を攻略するような形の戦争ではない。またイラン、イラクとも世界有数の産油国であり、そのため米、ソはじめ多くの国々がこの戦争に間接的にかかわり、紛争の解決をより困難にしたのであった。

かつてイラン軍はアメリカ供与の兵器で、イラク軍はソ連のもので構成されていた。その構成がイランの革命と共に変化し、一九八三年～八四年にかけてますます複雑化した。

まずイラン側の兵器は開戦前の英、米、ソ、仏、伊製のものに加えて、リビア、シリア、イスラエル、北朝鮮を主とする一七ヵ国のものが使われはじめた。この中で最新鋭のものは北朝鮮経由で運び込まれている。それらは一九八二年後半から八三年度前半の分の約五〇パーセントにのぼった。

一方イラクの方は戦前のソ連、フランス、ブラジルに加えて米、中国、東西両ドイツ、エジプト、スペインなど一八ヵ国の兵器を輸入している。

両国（特にイラン）は兵器の不足に悩まされ、購入可能なものは相手かまわず買い漁り、一部では開戦直後にイラクに捕獲されたＡＦＶを、それを安く買い取った兵器商人から再度買い戻すといったことまで行なわれた。

このような実態から、この戦争についての分析は非常に困難である。しかし戦車に関しては、イギリスのチーフテン、アメリカのM60A1、ソ連のT72など最新のMBTが参加しているので、それらの比較を行なってみよう。

まずこのイラン・イラク戦争における主役は、イラン陸軍の七〇〇台のチーフテン戦車であろう。T54／55、T62、T72、M60などの戦車は、中東戦争で実戦に参加しているが、ドイツのレオパルドと共に西欧の最強の戦車チーフテンは初登場であった。もっともイギリス陸軍はその性能向上型であるチャレンジャーをすでに装備しはじめているので、チーフテンは世界最強の戦車というわけではない。

しかし強力な一二〇ミリ砲、厚い装甲、高い信頼性を有するこの戦車は、広い砂漠という絶好の地理的条件のもとで陸戦の王者となっていたはずである。

データから見てもイラク側のT34／85、T54／55、T62、T72の中で、一応チーフテンに対抗できるものはT72のみであろう。

両軍の約六〇〇〇台のAFVのうち、その一割を超える数のチーフテンは、圧倒的な強さを見せると思われていた。

しかしこの戦争にはあまりに不確定要素が多い。特にイラン側には革命の混乱が五年を経ても大きく残り、その軍隊は通常の戦力を発揮しないままであった。

一部の軍人はイスラム教第一主義を嫌って逃亡、亡命し、大量の兵器が部品の不足、整備の不良で稼働せず、これが兵力的には大きく勝っていたイラン軍の活動を妨げていた。

戦車に関してもその稼働率は極めて低いと考えられ、チーフテンでさえあまり戦場に姿を見せなかったともいわれている。

ともかくイラン軍はその最強の兵器であったマクダネル・ダグラスF－15イーグル戦闘機さえ、軍隊内部の混乱によって投入できなかったのであった。

ごく少数のチーフテンが一九八二年頃から南部の戦線に登場したが、イラク側の対戦車ミサイルによって早々と撃破されてしまった。

一九八五年初頭の段階では、イラクは他の裕福なアラブ諸国（サウジアラビア、クウェートなど）の援助を受け、大量の兵器を取得している。他方イランは石油生産の不足から、兵器の補充が滞り、それを人的な面（大量の歩兵）で補っていたようである。したがってイランの大攻勢がたびたび伝えられながらも勝利の実現に至らなかった。

もしイランが全戦線にわたるような攻勢をとった場合、たとえ成功してもその損害は莫大な量となる。

またイラクにしても、戦争が長引けば長引くほど、人的な損失の影響（人口が対イラン三〇パーセントにすぎないため）が大きくなり、といって両国とも和平に達する道を見いだせず、戦争は八年半の長きにわたった。

両軍の戦死者は四〇〜五〇万人（米国防省のリポートによる）であり、その割合はイラン六〇パーセント、イラク四〇パーセントとのことである。また時間の経過と共に両軍のMBTはほとんどソ連製となっていく。

また一九八七年からはイラク軍の兵器購入量がイランの一〇倍近くにまで増大していった。イラクは自国に兵器を売ってくれるところであれば、見さかいなく購入した。

陸上戦闘兵器に限っても、

○中国から59式戦車、60、63式軽戦車
○ブラジルからカスカベル自走砲
○フランスから一五五ミリGCT自走砲
○北朝鮮からK60式戦車

などを購入し、のちに湾岸戦争を戦うことになるアメリカからもM48、M60を数百台手に入れる。

これは前述のようにサウジアラビア、クウェートが、百数十億ドルのオイルマネーを提供したからでもあった。

時間とともにイランの兵器数は減少の一途をたどっていった。資金の不足に加えて、イスラム原理主義が拡大することを嫌った国々が、同国との取り引きに消極的になってしまったのである。

こうなるとイランは人海戦術に頼らざるを得なくなった。

イラク軍のAFV、重火器対イラン軍の歩兵の戦闘が、南部のファオ半島を中心とした地域で続いた。兵力からいえばイラク：一、イラン：二ないし三であったが、兵器の数に差があるので、容易に勝敗は見えてこない。

一九八八年の春になると、戦車、装甲車の数は、

	戦　車	装甲車・自走砲
イラン	一〇〇〇台	三五〇台
イラク	四五〇〇台	四〇〇〇台

までになってしまった。

それに加えてイラン側の兵器の修理部品は底をつく有様であった。

このような状況のもとで、国連は停戦決議五九八号を両国に提示する。八八年夏にまずイランが、続いてイラクがこれを受け入れ、チグリス・ユーフラテス（シャフト・アル・アラブ）河の両岸で八年半続いたアラブ対ペルシャの大戦争は幕を閉じたのであった。

両軍の損害を記すと、

○イラン

戦死者一五～一八万名、負傷者五〇～六〇万名

航空機三五〇機、ＡＦＶ合計二三〇〇～二七〇〇台

○イラク

戦死者八～一〇万名、負傷者二〇～二五万名

航空機四〇〇機、ＡＦＶ合計二七〇〇～三〇〇〇台

となっている。これを見てもイランの人的損害の多いことがわかる。

このイラン／イラク戦争においては、大規模な戦車戦が幾度となく行なわれているにもか

かわらず、詳細な情報はほとんど入手できない。この原因は英語圏の国々が直接関与していないためである。また資料が手に入ってもアラビア語、ペルシャ語とあっては、欧米の人々はもちろん日本人には読めないというのが正直なところで、今後もこの状況は変わらないと思われる。

イラン／イラク戦争一九八〇年九月：開戦時の兵力

	イラン	イラク
総兵力	四二万名	二二万名
陸軍総兵力	二八万名	一九万名
機甲師団	三個	六個
歩兵師団	一四個	一四個
独立旅団	四個	三個
MBT	一二〇〇台	一八〇〇台
	チーフテン×七二〇、	T54／55、T62×一六〇〇、T72
	M60×三八〇、M48×一〇〇台	×一〇〇、T34／85×一〇〇台
軽戦車	スコーピオン×二五〇台	PT-76×一〇〇台
装甲車	BTR50、60×五五〇台	BMP戦闘車×一五〇台
	M113APC×五五〇台	M113APC×一八〇〇台

レバノン紛争（一九八二年六月〜九月）

中東の地中海に面する小国レバノンは、従来から非常に不安定な政治状況にあった。隣国が互いに敵対するシリア、イスラエルであり、また国内にもイスラエルの支援を受けたキリスト教右派、シリアに後押しされたＰＬＯ（パレスチナ解放機構）の強力な二大組織が存在した。

したがってレバノン政府とその軍隊は、自国の領土内に統治不能な広い地域と強力な武装集団を持つことになる。一九八二年のレバノン紛争と呼ばれるこの戦争の原因は、レバノン領内の基地からイスラエルを攻撃するＰＬＯを、イスラエル軍が国境地帯から完全に排除しようとしたことによる。

ＰＬＯは独立した国家ではないため正規戦遂行の能力は低く、とうてい強大なイスラエルの敵ではない。しかしＰＬＯを支援するシリアは中東では大国であって、軍事的能力も大きい。

戦闘はそれまでの図式を維持する形で、イスラエル、レバノン領内のキリスト教徒対ＰＬＯ、シリア連合軍の対決となった。

結果から先に述べると、

一、実質的な戦闘は約一週間続き、シリアの損害多く、イスラエルと停戦。

二、それに伴いPLOは三ヵ月後にレバノン領内からの撤退を余儀なくされる。

その後もイスラエルはレバノンに駐留し、PLOの残存勢力およびシリアと小競り合いをくり返すのである。しかし結局はイスラエルの勝利に終わり、当初の目的は達成されたが、この戦争についてはイスラエル国内からも反対の声も上がった。

レバノン領内に駐留したイスラエル軍は、その後も二ヵ年で約六〇〇名の死者を出し、また国連の要請で介入した米、仏とも多数の戦死者（アメリカ二五〇名、フランス七〇名）を記録している。これはアラブ過激派による爆弾テロ攻撃によるものであった。

戦争の原因とそこに至った歴史的な背景は非常に複雑で、そのため完全な解決の道を見いだすことは困難である。

ここではそれらを他書に譲り、正規軍同士の戦い（といっても宣戦布告はなかった）となったシリア、イスラエル両軍の戦闘経過に目を移すことにしよう。

まず最初に頭に入れておかなくてはならないことは、このレバノン戦争はシリア、イスラエルの両国にとって〝全面戦争〟ではなかったという点である。イスラエルは開戦二日前に予備役を召集したが、レバノンへの侵攻軍は全軍の約二五パーセント、シリアもほぼ同様であった。したがって敵国へ進撃するとか、互いの首都を爆撃するといったような形の戦争ではない。

それらの戦いは、

○まず開戦第五日目からの航空、SAM（対空ミサイル）陣地撃滅戦であり、

イスラエル機　約二〇〇機（F－15、F－16主力）

シリア機　約一一〇機（MiG－21、MiG－23主力）

が二回にわたって空中戦を展開した。

戦車戦と直接関係はないが、最新鋭機同士の空中戦なのでその結果を記す。

シリア発表：戦果一九機、損失一六機。

イスラエル発表：戦果二三機、損失〇。

またシリア側のSAM基地二五ヵ所のうち、二三ヵ所が大きな損傷を受けた。そしてこのことが、次の戦車戦に大きく影響するのである。

○第六日目からのベガー高原（正式な呼び名はベッカー盆地）での戦車戦。

海抜七〇〇～八〇〇メートルの高原で、シリア軍とイスラエル軍との間で、激しい戦車戦が展開された。投入されたイ軍戦車は約二五〇台、シリア側について正確な数値は不明だが、戦争に投入された全戦車数約七〇〇台のうちの六〇〇台近くが参加したと思われる。

五日目およびこの日（第六日）の航空戦によって、戦場の制空権を確保したイスラエル軍は、五〇機近い対戦車ヘリコプター（ベルAH－1コブラ）を有効に使用した。

同軍戦車の活躍と合わせてシリア軍機甲部隊に大損害を与えて、これがシリアが停戦に応ずる要因になったと推測される。

この六日間におけるシリア、イスラエルの戦闘は、新型航空機、多数の対戦車ミサイルが使用された近代戦であったが、このような戦闘状況であれば、兵士の訓練度の高いイスラエルの優位は明らかである。

両軍の損害は、

	戦　車	航空機（ヘリコプターを含む）
シリア	四五〇台（完全損失、放棄）	七〇機
イスラエル	八〇台（完全損失はその六割）	二〇機

といわれている。

この他イスラエルはシリア側のＴ62、Ｔ72戦車約一八〇台を捕獲した。したがってイ軍の戦車数は他の戦線で失われた分を十分補充できたと考えられる。

戦車の研究者にとって二種の新型戦車、メルカバとＴ72のデビューが関心の的となった。その結果、Ｔ72の一二五ミリ砲に対して、イスラエルの一〇五ミリ砲はなんら遜色のないことが証明された。最大八名の歩兵を載せることができるイスラエルのオリジナル車輌であるメルカバは、歩兵戦闘車としての能力に関しては、特に分析されていない。

Ｔ72の簡易型複合装甲については、西欧側の標準戦車砲である一〇五ミリＬ51砲で容易に撃ち貫けることが判明した。

また対戦車ミサイルの有効性も確認されたが、より小型の兵器（たとえば歩兵の肩撃ちロケット弾RPG－7など）の効果は薄かった。戦車の防御力向上にともなって、ATMもしだいに大型化するとみられている。

戦車同士の戦闘についての結論は、次のようなものである。

この戦闘に参加したのは、

イスラエル軍：M60A3、センチュリオンMk8、同10、メルカバI型

シリア軍：T55、T62、T72

である。それらの戦車砲の威力について、

T55の一〇〇ミリL54砲を基準（威力指数一〇〇）に考えると、

イ軍戦車の一〇五ミリL51砲の指数は九九となる。

一方シリア側は、

T62　一一五ミリL50（〃　一〇六）

T72　一二五ミリL50（〃　一一六）

となっている。

しかし射程、貫通力とも、それぞれの戦車砲の実質的な威力の差は小さかった。もっともイスラエル軍は、特別に威力の大きな新型の一〇五ミリ用砲弾を使ったとも言われている。

いずれの戦車の防御力もほぼ等しく、あとは乗員の訓練、戦術、射撃照準器の性能に依存する。

新聞の報道としては、シリア軍首脳が自軍のソ連製戦車についてその信頼性が低いと非難

し、ソ連側はそれに対してシリア軍兵士の練度不足と反論している。

実際のところ真実は不明だが、結論としてはイスラエルの戦車兵の言うように、「たとえイスラエルの兵器をシリア兵が使い、シリア軍の兵器を我々が使用したとしても、勝利は我々の側にあったであろう」との言葉が正解と考えられなくもない。

この戦争の結果は次のような形で表われた。

○イスラエルがT72を捕獲したことによって、この戦車の性能を西側諸国（特にアメリカ）が知り得たこと。

○センチュリオンのような多少旧式の戦車でも、T72のような新型戦車と対抗できること。軍事力の強弱は、第一線兵力の多少だけではなく、兵員の訓練度と兵器の予備数にも依存することをこの戦争は教えているようである。

インド／パキスタン戦争（一九六五年、一九七一年）

英連邦の一部であった大インド帝国は、第二次大戦後の一九四七年に分離し、インドとパキスタンとなった。ヒンズー教徒の国インドとイスラム教徒の国パキスタンというように、宗教が異なることによる分裂である。

この宗教の問題はその後も片づかず、両国の国内でも紛争は絶えない。またヒンズー、イスラム教徒の中でも分派による争いが起こっている。しかしここでは、元は一つの国家であったインド、パキスタンの両国の国境の戦いのみを追ってみよう。

この両国の本格的な戦闘は三度にわたって発生しているが、共に戦争のスケールとしては比較的小さく、より大きかった第二次戦の戦死者でも両軍で五〇〇〇人程度である。したがって二万五〇〇〇人の戦死者を出したノモンハン事件（日ソ両軍の衝突：昭和十四年）などと比べても〝小さな戦争〟であったことがわかる。

一九六五年の第二次印・パ戦争の三年前（一九六二年）にインドは中国軍と戦火を交え、大きな損害を受けた。その結果として同じ社会主義国のソ連に接近し、一九六四年にはソ連・インド武器供与協定が結ばれた。

一方インドとの紛争が続いているパキスタンは、当然ソ連に敵対するアメリカ、中国との関係強化につとめる。この結果、両国の主要な兵器はインド側がソ連製、パキスタン側では航空機はアメリカ製、陸戦兵器は中国製となっている。

またパキスタンはインドの東と西に分かれた国家（東・西パキスタン）となっており、戦略上の不利はまぬがれない。地上戦の戦場となったのは東パキスタンとインドの国境（パンジャブ州）であり、地形的には険しい山々と、高度は高いがなだらかな高原地帯といったところである。

さて両軍の戦力であるが、インド三〜四億、パキスタン一億という人口比をほぼ反映し、インドはパキスタンの二・五〜三倍の力を保持している。その結果、第二次戦ではパキスタンは初期の善戦によりほぼ引き分けに持ち込めたが、第三次では東パキスタンの首都ダッカが陥落し、パキスタンの降伏、そしてバングラデシュの誕生となった。

第二次インド／パキスタン戦争

一九六五年のはじめより両国の西部国境地域で紛争が絶えず、それは四月頃から本格化した。

八月に入ると互いに正規軍をくり出して小競り合いが続いた。八月中旬、インド軍の小部隊がパキスタン領に侵入し、その一部を奪取した。このため九月一日パキスタン軍がカシミールに進攻、戦争となった。

パキスタン軍の攻撃はスケールこそ小さいものの、空軍に援護された機甲、歩兵部隊が砲兵を伴って進撃するという本格的なものであり、それを迎え撃つインド軍との間で激戦となった。両軍の戦車はインド、パキスタンともM4系とT34／85が主力で、一部にはM4シャーマン同士の戦車戦が行なわれた。

後半に入ってからはインド軍のセンチュリオン3が参加したので、印・パ戦争（第二次）はそのまま一〇年前の朝鮮戦争と、戦車に関しては同じ組み合わせとなる。

地上戦、空中戦とも当初はパキスタン軍が優勢であり、インド領内二〇キロまで進攻したが、国力に差があるインドは徐々にその力を発揮しはじめた。どちらの国もその膨大な人口と国土の割には貧しく、軍事力は大きいとは言えない。またすべての兵力をこの二つの戦線（インド側から見て東西の戦線）に分けなければならなかったので、戦いの規模は小さい。

伝えられる唯一の大きな戦車戦は、戦争が開始された一週間後、西部戦線で起きたものである。一七台のトラックと八台の装甲車からなるインド軍の輸送コンボイが、一〇台ほどのパ軍戦車（たぶんM４A３E８）からなる部隊の攻撃を受けた。二台のM４を破壊したものの、コンボイは全滅した。しかし急を聞いて駆けつけたインド軍戦車一二台とパ軍戦車との間に戦車戦が行なわれた。イ軍の戦車はT34／85であったと推測される。

この戦車戦には両軍の空軍が介入した。パキスタンはノースアメリカンF86F、インド側は機種不明（ダッソー・ミステールⅣAか）であった。戦闘は終日続き、パ軍の戦車はほとんど破壊されてしまった。イ軍についてはその損失は不明である。また戦車の損失が対戦車戦闘によるものなのか、また航空機によるものなのか、わからないが、すくなくともM４シャーマンと装甲車との戦闘があったことは間違いない。

東西の戦線はこのあとインド軍の反撃でもとの国境線まで戻り、開戦後三週間で国際連合の停戦勧告を受け入れる。

両軍の損害は明らかにされていないが、インド側二〇〇〇名、パキスタン側一〇〇〇名程度、航空機については、イ軍損失三五機、パ軍一九機、戦車は共に三〇～四〇台といったところであろう。

第三次インド／パキスタン戦争

第二次戦争終了直後から両軍はただちに消耗した戦力の増強をはかった。アメリカはパキスタンへの武器供与を渋り出したので、パ側は否応なしに中国へ接近、インドは従来どおりソ連への傾斜を深めて行く。

特にパ軍の陸戦兵器はほとんど中国製となり、あまり聞きなれない名前の戦車、装甲車が活躍することになる。それらについての簡単な説明を次に示す。

中国製AFVはイラン／イラク戦争においても多数登場している。

パキスタン軍の中国製兵器

（中国側の呼称、または欧米諸国のコードネーム）

59式主力戦車：

ソ連製T54／55中戦車のデッドコピー。

55式装甲兵員輸送車：

ソ連製BTR－40装甲車のコピー。

56式APC：

同BTR152のコピー。

62式戦車：

59式戦車の車体を使用し、砲塔はT34／85の一九四三年型八五ミリL54砲を取り付けたもの。一〇〇ミリL54の生産が間に合わなかったためか。

67式APC‥

中国のオリジナル設計のAPC。

60式軽戦車‥

ソ連製PT－76水陸両用戦車の砲塔に八五ミリ砲（砲身長不明）を装備したもの。

63式戦車‥

八五ミリL54砲を装備した軽戦車。

さて第三次印・パ戦争は、新しい国家の誕生を機にはじまる。東西パキスタンの種々の軋《あつ》轢《れき》が強まり、一九七一年四月東パキスタンは〝バングラデシュ〟となる。この新政府を西パキスタンの派遣した政府軍が攻撃したため、その動きを牽制するインド軍がパ軍と衝突したのである。

そして同年十月、十一月の国境紛争を経て、十二月三日両軍の全面対決となった。

六年前パキスタンの先制攻撃を受けて領土の一部に敵の侵入を許したインドは、この教訓を生かして、積極的な攻撃に踏み切った。

これに対して、バングラデシュの独立を阻止できなかったパ軍の力は弱体化していたので、戦闘はインド軍の圧倒的優勢となった。

特にその空軍力は強力で、開戦三日間にしてパ軍上空の制空権を完全に把握した。

この結果、地上戦も有利に進み、十二月十六日、東パキスタン軍の主力がいた大都市ダッカが陥落し、その翌日東パキスタンは降伏する。

開戦後わずか二週間の出来事である。この第三次印・パ戦争のインド軍の人的損害は戦死一四二六名、戦傷三六一一名であり、他に行方不明二一四九名となっている。他方のパキスタン側は被害を公表していないが、インドの二〜三倍にのぼることは戦争の経過からして明らかである。

この戦争ではインド陸軍の〝機動部隊〟が大活躍した。特に敵の首都ダッカの占領は四三台の戦車（T54／55とセンチュリオンの取り合わせ）と一二〇台のAPCによるところが大きい。

規模こそ小さいが、この部隊は高速で敵の領土に突入し、反撃してくる少数の敵戦車を破壊しながら重要地点を奪取した。もちろん空軍の援護はあったものの、立派な〝電撃戦〟であった。

この部隊の戦闘としてはパ側のM46、M48との遭遇戦で圧倒的な勝利をおさめ、四五台のパットンを葬ったとのことである。T54／55、センチュリオン3の部隊とM46、M48が衝突したが、前者が圧勝したことは事実である。

しかしこれは戦車性能の優劣とも多少関係はあるが、本質的には東パキスタン政府軍（東パキスタン駐留の西パキスタン正規軍）の士気の低下が主因であると思われる。なぜなら、東パキスタンという地域がパキスタンという国家からバングラデシュとして独立してしまったわけだから、東パ政府軍はそこに駐屯している外国軍ということになる。そしてその将兵が祖国に帰るためには、敵国インドを横切らなければならない。また海路もインド海軍が完全に封鎖し、補給も絶えていたのである。

これでは士気、戦意が失われるのも当然であろう。

さて、インド軍のT54／55とセンチュリオンMk3、5ではどちらが優れていたのであろうか。これは間違いなく、データ的には不利なセンチュリオンがT54／55より勝っていた。

この情報を検証してみよう。

インド政府はイギリス製ビッカース三七トン戦車のノックダウン（のちに生産）を一九六一年に決定していた。そしてその生産計画は種々の困難にぶつかり、本格的な生産が開始されたのは一九七一年である。この時、インド／パキスタン戦争を予想したソ連がT54／55の大量供与を申し出たが、インドはビッカース戦車の生産を続けた。このビッカース三七トンのインド名はビジャンタ（勝利）である。

価格からいうとソ連供与のT54／55はビジャンタの六〇パーセント以下で、にもかかわらずインドは、ビジャンタの生産を続けている。インドとソ連の関係はきわめて友好的で、それに対してイギリスとの関係は特に親しいものではない。この事実にもかかわらずビジャンタが続々と生まれている理由は、T54／55より性能的に優れている、とインド陸軍は考えていたのであろう。

機動性の点では明らかに劣るビジャンタが、インド陸軍のMBTの座を占めつつある事実は、イギリス戦車技術の優秀さを明確に示しているのではあるまいか。

一方、この戦争ではソ連製PT－76水陸両用軽戦車がインド陸軍によって大量に使用され、かなりの成果を収めた。地形的に河川が多く十分な渡河機材の用意のないインド軍にとって、その両用性は貴重であった。

しかし数万台という生産数にもかかわらず、PT－76の信頼性が十分ではなく、水上を連続して三〇分以上走るとオーバーヒートがひどく、走行不能になるといった苦情も多かった。これは使用した地形の影響も受けていると考えられる。またPT－76は被弾に弱く、すぐに炎上したとの報告もあるが、戦闘重量一五トン程度の軽戦車に、強力な防弾能力など期待する方が無理である。

しかし有効な対戦車火器を持たない部隊に対しての高速の軽戦車の大量使用は、極めて大きな戦果を期待できる、とインド陸軍は考えていたようである。

パキスタン陸軍の使用した中国製の装甲車輛の評価は明らかにされていないが、ソ連製のものより多少劣っていたと思われる。外国からの新聞、雑誌には59式、60式などの撃破された写真は数多く載るものの、詳細は明らかにされず、結局その評価は中東戦争によるイスラエル—アメリカ・ルートに頼らざるを得ない。なぜならアラブ諸国の一部には中国製兵器が多数保有され、ある程度の数が中東の戦いに参加しているからである。

さて二度にわたるインド／パキスタン戦争は国力に勝るインド側の勝利に終わった。パキスタンの国力は大幅に低下し、現在に至るも、その回復のペースはゆっくりとしたものである。

したがって一時懸念された第四次戦争は起こらず、軍事力の差はひらくばかりとなっている。

インド／パキスタン戦争両軍の戦力 第三次戦争一九七一年十一月～十二月

	インド	パキスタン
総兵力（名）	二四個師団	一三個師団
	八六万	三七万
装甲車輌（台）	一四六〇	八二〇
各種火砲（門）	三二〇〇	一一〇〇
航空機（機）	六三〇	二九〇
艦艇（隻）	空母一	駆逐艦七
	巡洋艦二	他三〇
	他八〇	

湾岸戦争（一九九〇〜九一年）

一九九〇年八月、フセイン大統領率いる数万のイラク軍が石油の上に浮かぶ裕福な小国クウェートに侵攻し、わずか半日で全土を占領した。辛勝ながらイラン／イラク戦争（一九八〇〜八八年）に勝利を勝ちとったフセインは、以前から併合を狙っていたクウェートを完全に掌中におさめた。

しかしアメリカ、イギリスをはじめとする西側諸国はこれに激しく反発し、国連もまた独立国家クウェートの主権が侵犯されたと認め、イラクへの非難を強めるのである。国連による度重なる撤退勧告は拒否され、アメリカを中心とする多国籍軍（ＭＮＦ）と中東の軍事大国イラクとの全面対決に至る。

この一九九一年冬に起こった大戦争が〝湾岸戦争〟である。いったん戦争が勃発すると、ＭＮＦは圧倒的な勝利をおさめ、その力をイスラム教諸国に見せつけた。

それでは実質的に四〇日（一九九一年一月十七日〜二月二十六日）で終わった戦争を、地上戦を中心に見ていくことにする。

八年にわたる対イラン戦を戦い抜いたフセイン大統領は、それ以後も、戦力増強に熱心であった。これはエジプト、シリアに代わってアラブの盟主を自負しはじめていたからである。

イラク軍の戦力は、

湾岸戦争で撃破されたイラク軍のソ連製OS152自走砲

兵員九五万名、航空機七〇〇機（他にヘリコプター一六〇機）、戦車五五〇〇台、各種装甲車輌六〇〇〇台にも増大している。わずかに海軍が五〇〇トン以上の艦艇四〇隻と弱体であったが、これは同国に四〇キロの海岸線（ペルシャ湾）しかないためである。

ただし兵器の大部分は新しくはあるものの、いわゆる簡易型（大国の友好国への輸出型）であった。そしてその大部分はソ連製である。最も有力と見られている兵器は、航空機ではミコヤンMiG－29ファルクラム、AFVではT72主力戦車であった。MiG－29はともかく、T72は、イスラエル／シリアの戦争（レバノン戦争）でもその弱点でもある防御力の不足をさらけ出していた。

つまりAFVの数は多くとも、個々の能力は決して高いとは言えなかった。

一方、実力をもってイラク軍をたたきつぶ

そうとしているMNFの中核アメリカ、イギリスの陸軍は、最強の兵器多数をそろえていた。
アメリカ軍：M1A1エイブラムズ主力戦車
イギリス軍：チャレンジャー戦車
が、その中心戦力である。また対戦車兵器として最適な二種の航空機である、
リパブリックA－10サンダーボルトII
マクダネル・ダグラスAH－64アパッチ
を大量に準備していた。この対地攻撃機と対戦車ヘリコプターは期待以上の活躍で、まさにイラク軍戦車にとっての〝天敵〟となるのである。

さて実際の戦闘は一月十七日から開始されたが、それはかなり限定されたものであった。多国籍軍は自軍の損害を極力少なくしようと、まず徹底的な爆撃のみを実施したのである。これは二月二十四日まで続いたが、この間行なわれた地上戦闘はわずかに一月二十九日～三十日のサウジアラビア国境付近のカフジ攻防戦だけであった。

この戦闘はイラクの地上軍（歩兵約七〇〇〇名、AFV一〇〇台）の進出によって開始され、これに対してMNFは歩兵（アメリカ海兵隊）とその対戦車部隊、空軍を用いて対応した。MNFの機甲部隊はまだ姿を見せず、イラクの戦車は対戦車ミサイルと航空機によって撃破された。

この間もイラク本土とクウェートに駐留するイラク軍に対する爆撃は、休むことなく続き、

一日当たり一〇〇〇〜一二〇〇ソーティー（延べ出撃機数）が送り込まれている。

戦闘用航空機だけでも七〇〇機を保有していたイラク空軍は、この空軍部隊を全く阻止できなかった。この戦争の全期間を通じて、MNF機を撃墜することのできたイラク空軍機は皆無だったのである。

イラク本土の軍事施設、砂漠にいた地上部隊はこの一ヵ月に及ぶ爆撃により、大きな損害を出してしまっていた。

イラクの機甲部隊の中心は、

T54／55戦車　一五〇〇台
T62　一〇〇〇台
中国製69式　五〇〇台
T72　一五〇〇台

であった。T54／55、T62、69式はもはや旧式に属する戦車で、打撃力はT72に依存していた。

しかし前述のA−10サンダーボルト、AH−64アパッチなどの攻撃により、すでに全戦車のうちの一〇〜二〇パーセントが失われていた。

ともかくイラク軍には味方の部隊を守り、敵の地上戦力を攻撃する空軍が存在しなくなっていたので、もっぱらたたかれるばかりである。

これでは損傷した兵器の修理もできず、兵士の士気も低下する一方であった。また戦場が砂漠であるだけに遮蔽物が少なく、地上部隊は空からの攻撃にさらされ易い。

四〇日にわたる空爆で、イラク軍の戦力、士気が最低にまで落ち込んだと判断したＭＮＦ首脳は、二月二十四日、ついに地上戦を発動する。

この戦域の両軍の戦力は、

○多国籍軍

三四個師団：五五万人、火砲二四〇〇門

戦車四〇〇〇台、装甲車五五〇〇台、航空機三〇〇〇機、艦艇五五〇隻

○イラク軍

五〇個師団：六五万人、火砲三〇〇〇門

戦車四三〇〇台、装甲車三〇〇〇台、航空機七〇〇機、艦艇四〇隻

と見込まれていた。しかしながら二月十五日頃のイラク軍の実戦力は、この半分程度であった。かなりの部分が空爆で破壊され、一部の部隊はクウェート国内からイラク領内へと退却していたのである。

それでもＭＮＦの地上軍はクウェート正面でのイラク軍との対決を避け、西の砂漠から直接イラク領へ突入する戦術を採用した。そしてこれは見事にイラク軍の側面を突く結果となった。

アメリカ陸軍　　Ｍ１Ａ１エイブラムズ

アメリカ海兵隊　　Ｍ60Ａ３

イギリス陸軍　チャレンジャー
フランス陸軍　ＡＭＸ－30Ｂ2
サウジ陸軍　チーフテンＳⅡ
といった最強の戦車一五〇〇台以上が、隊列をなしてイラク陸軍に襲いかかった。この作戦に参加していなかった新鋭戦車は、
ドイツ陸軍　レオパルドⅡ
陸上自衛隊　90式
韓国陸軍　Ｋ１（88式）
だけである。

世界の軍事専門家が注目したのは、なんといってもＭ1Ａ1エイブラムズである。ともかく主機関にガスタービンを使用した戦闘車輌は、世界最初であり、また唯一でもある。このタービンエンジンは開放サイクル、二軸再生型、二段圧縮機、熱交換器付きといわれ、この型式から見る限り航空機に装備されるものより船舶用に近い。そしてまたエイブラムズの変速機は一般の乗用車と同じタイプのフルオートマチック（ＡＴ：前進四段、後進二段）なのである。

エイブラムズの初期型（Ｍ1）は、このタービンエンジンとＡＴに故障が続出し、信頼性が疑われた。またこの湾岸戦争のさいにもタービンが砂漠の砂塵に弱いのではないかと懸念する声も上がっていた。

しかしいったん戦闘が開始されると、エイブラムズはイラク軍のT62、T72に対して圧倒的な強さを見せつけた。

自軍の損害六台に対し、一三〇台以上のイラク軍戦車を撃破したのである。その六台のうち二台は修理可能で、乗員の中の戦死者は二人にすぎなかった。

これに対してM1の一二〇ミリ滑腔砲M256の威力はすさまじく、T62、T72を完全にスクラップにする。加えて熱線暗視装置、レーザー照準システム、弾道補正コンピュータなどが組み合わされており、射程二〇〇〇メートルでも八〇パーセント近い初弾命中率を記録した。

また複合装甲もきわめて有効で、T62の一一五ミリ、T72の一二五ミリ砲弾にも耐えたと伝えられている。

アメリカ陸軍はM1A1エイブラムズを持って、ようやく名実ともに世界最強の戦車を保有したといえよう。

しかしエイブラムズと比較するとかなりの老兵とも呼ぶべきM60A3もまた、イラク軍を相手に大いに活躍する。

海兵隊のM60A3は、防御力を高めるため砲塔、車体のあらゆる位置にリアクティブ・アーマーと呼ばれる補助装甲板を取り付けて戦闘に参加している。

この装甲板は内部に火薬が入っており、被弾するとこれが爆発して、敵弾の運動エネルギー、熱噴流を四散させてしまう効果がある。実際の効力については秘密となっており、詳細は不明のままである。

しかし分厚い鋼鉄の砲塔の外側に古武士の鎧を連装させる補助装甲板を装着したM60の姿は、最新のM1、90式などよりはるかに兵器としての魅力に満ちているといって良い。

このM60A3もまたT62、T72相手の戦闘に勝利をおさめたが、これは照準器の性能と乗員の質にあったのではないかと思われる。一九九二年の夏、筆者はアメリカの海兵隊基地で、M60に乗り湾岸戦争に参加した兵士にインタビューする機会を得たが、彼らは自分たちの車輛に絶対の自信を持っていた。

湾岸戦争におけるM60の損失は四台にすぎず、これは古くても信頼性が高く、頑丈なアメリカ製戦車の長所を示したものといえよう。

二月二十四日から開始された地上戦は、わずか四日間でMNFの圧勝に終わる。

二十七日、イラクのフセイン大統領は国連決議に従い、クウェートからの撤退を発表し、戦火はやんだ。

MNF、イラク軍の損害の比率は、なんと一対一〇〇にまで開いていた。

○多国籍軍の損害

戦死・行方不明一五〇名

航空機の損失五四機、AFVの損失六七台

○イラク軍の損害

戦死・行方不明一・二〜一・七万名

航空機の損失二五〇機、ＡＦＶの損失三四〇〇台特に戦車、装甲車、自走砲部隊は、ＭＮＦの地上攻撃機、対戦車ヘリコプター、戦車によって壊滅的な打撃を受けている。イラク戦車隊は砂漠のあちこちに現在でも赤錆びた姿をさらしているのであった。

湾岸戦争は、旧ソ連製兵器を大量に装備したアラブの大国と、西側主要国の軍事衝突であったが、結果は前述のとおり後者に軍配が上がった。

兵器の性能、兵員の質といった面で、アラブの軍隊と西欧、アメリカ軍とは格段の差があることが明白となった。

この状況を見て、それに敵対してきた国々（北朝鮮、リビアなど）は、正面切っての衝突をあきらめたに違いない。

特にベトナムで苦杯をなめたアメリカ軍の立ち直りは、この湾岸戦争により証明されたのであった。

いくつかの分析

各国保有戦車の能力向上

本項では、主要な戦車生産国（米、英、ドイツ〈旧西独〉、ロシア）について、それぞれ主力となってきた戦車の能力向上を分析する。

ただしこの四ヵ国のうち、ドイツについては、戦後しばらくアメリカ製の戦車M41、M47、M48をMBTとして使用している。

六角形グラフ（次ページ）に描かれたグラフの形を見てみると、英、米、ロシアの戦車の性格（設計思想）が如実に現われており、非常に興味深い。

個々の戦車の評価は、各世代別に行なっているので、ここではその国の戦車全体に共通している特徴をピックアップしていこう。

戦後 MBT の性能比較
90 式、チャレンジャー、M1A1、T20
（基準レオパルドⅡ、一部にラインの重なるところあり）

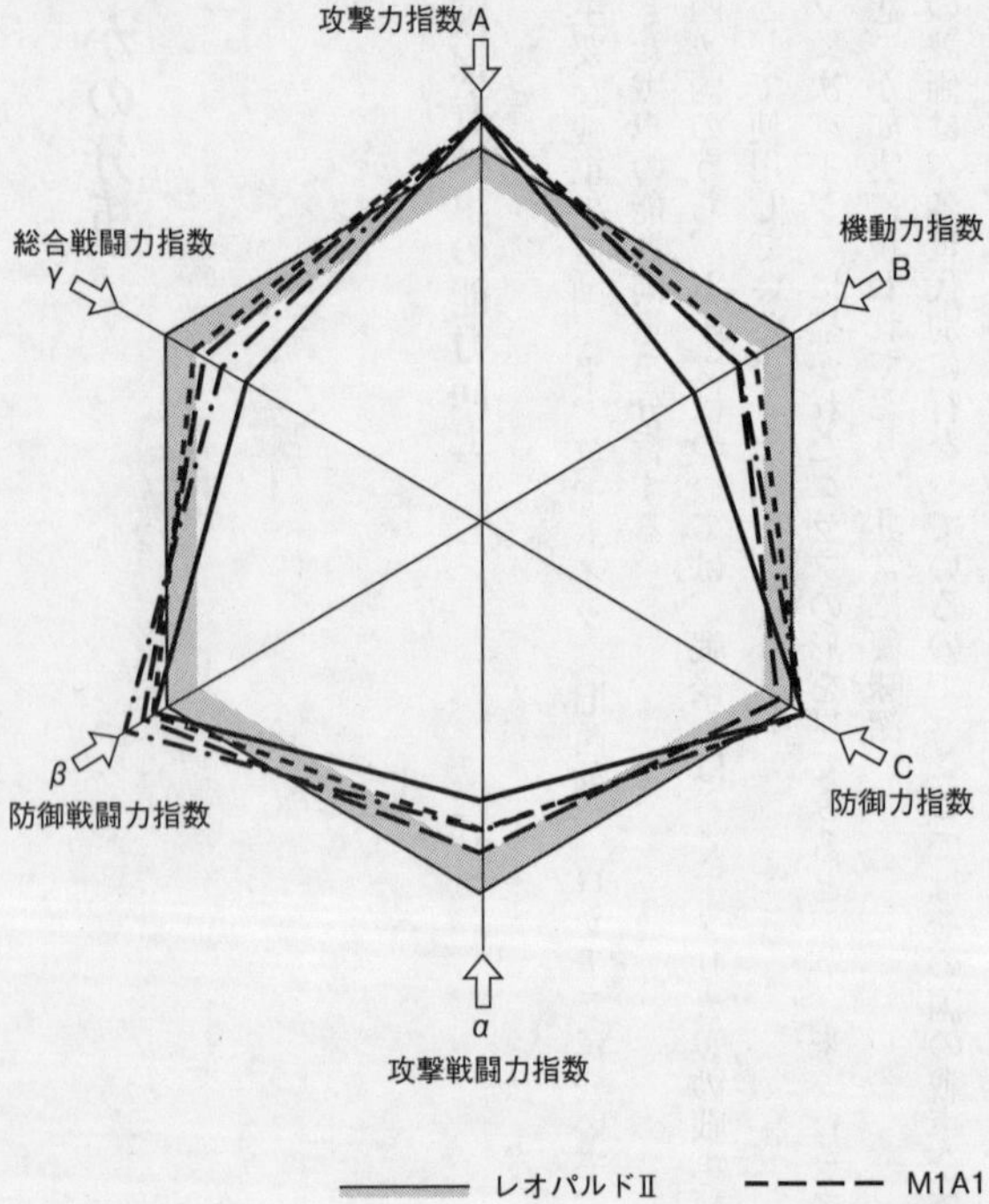

レオパルドⅡ　M1A1
90 式　T80
チャレンジャー

なお日本の戦車に関しては、同様の分析を「自衛隊保有戦車の実力」の項で行なっているので、そちらを参考にしていただきたい。
第二次大戦後、一貫して自分の国が設計、製作した戦車のみを使用してきた国は、わずか三ヵ国だけである。

アメリカ
M4系→M26→M46→M47→M48→M60→M1→M1A1
主砲：七五ミリ（一部に七六ミリ）→九〇ミリ→一〇五ミリ→一二〇ミリ

イギリス
センチュリオン→チーフテン→チャレンジャー
主砲：七七ミリ→八四ミリ→一〇五ミリ→一二〇ミリ

ロシア
T34／85→T55→T62→T72→T80
主砲：八五ミリ→一〇〇ミリ→一一五ミリ→一二五ミリ

他の国々は現在は自国産の戦車も使用しているが、一九六〇年代まで前記三ヵ国が生産した（ノックダウンを含む）ものを購入して使っていた。

戦車（MBT）を生産している国は決して多くはなく、ライセンス生産、ノックダウン生産を含めても二〇ヵ国程度である。

完全に戦車の自主設計、生産を行なっている国はアメリカ、イギリス、ドイツ、日本、ロシア、イスラエル、フランス、中国、ルーマニア、ブラジル、スイス、アルゼンチン、韓国の一三ヵ国だけである。

また自国でオリジナルの戦車を生み出す能力のある国はこれ以外に、イタリア、スウェーデンなどがあるが、費用の点から徐々に輸入へ切り替えている。

その一方で前述の一五ヵ国のうちでも、戦車の自主開発から手を引く国が現われているので、今後戦車の設計・製造を行なう国の数は一〇ヵ国以内となる。したがって戦車の種類は漸減していくはずである。その反面、南アフリカはこの市場に新たに参入しようとしている。

さて、それでは主要四ヵ国の戦車の変遷を見て行くことにしよう。

イギリス

第二次大戦中、常に敵国ドイツの機甲部隊に苦杯をなめさせられてきたイギリス陸軍は、その反動として重戦車への傾斜を深めていった。大戦中に唯一ドイツ戦車に対抗できた英戦車は重装甲、低機動力のマチルダⅡだけであった。その影響がいまだに大きく尾を引いていて、イギリスが重戦車的なＭＢＴに固執しているといったら言いすぎであろうか。

かつてイギリスは歩兵戦車を重要視していたのである。

グラフはいずれも底辺の広い三角形を示しており、これは機動力よりも防御に適していることを示している。センチュリオン、チーフテン、チャレンジャーのいずれも、その形状は良く似ており、戦後の英戦車は伝統的に重く（低機動性）、強い（攻撃力大）戦車である。一九八四年から配属されはじめた新鋭のチャレンジャーは、この特質の究極的なタイプであり、一九〇〇年代の終わりまで主役の座を占めるであろう。

ロシア

かつてＴ34シリーズを誕生させ、名実ともに世界最大の戦車王国をつくり出したロシアは、現在に至るもその地位を譲っていない。

傑作戦車Ｔ34／85から一〇万台以上生産されたＴ54～Ｔ72シリーズまで、この国は典型的な中型ＭＢＴを生み続けている。

かつての重戦車ＫＶ、ＪＳの両シリーズは一九五〇年代にすべて消えてしまった。

アメリカのＭ26～Ｍ60シリーズと同様に、Ｔ54～Ｔ72はいずれも似たような形状を有し、アマチュアには見分けが付きにくい。形が似ているということは、当然ながら能力、設計思想も同じであることを意味する。

グラフの形もほぼ六角形で、イギリス戦車の示す三角形とは好対照である。

このグラフは六角形に近いほど、あらゆる能力が平均的に優れていることを示す。したがってロシアの戦車は、〝万能〟を目指して設計されているのがわかる。

たとえ特別に優れている能力がなくとも、攻撃、防御、機動の三要素が水準に達しているわけで、用兵側にとってはきわめて扱い易い戦車と推測できる。

言い変えれば、イギリスの戦車が高度に訓練された操縦者を必要とするのに対し、ロシア戦車は平均的な兵士によっても、その能力を発揮するということでもある。

それが、アラブ諸国をはじめ数十ヵ国でソ連戦車が使用されている理由であろう。

また価格、サイズについてもロシアの戦車は安く、小さく、この事実はあらゆる意味において数を増やせることを意味する。しかし、それでも戦車という兵器は、発展途上国においては高級？　な兵器である。西側の戦車と比較して装備が簡素化されているT54〜T72でも、使いこなせていない国があるようだ。

このことを考えると、かつての東・西両陣営ともサンプルとして入手できる戦車は常にフル装備型ではない。

輸出用の戦車には最新鋭の照準器や、最高水準の複合装甲などは装着されていないのである。

アメリカ

第二次大戦中のアメリカは、性能的に一流の戦車を造り得なかった。MBTたるM4シリーズは高い信頼性をもってはいたが、結局のところ数の威力でドイツ戦車を圧倒したにすぎない。戦後も一九六〇年頃まで強力なディーゼル・エンジンの開発に手間どり、MBTであったM48A1までガソリン・エンジンを搭載している。

その後M60、M1エイブラムズという新戦車が登場してはいても生産は遅々として進まず、旧式のM48A1〜A5が二〇年近くにわたって制式兵器となっていた。

この間テレダイン社のスーパーM60計画、ドイツとの共同開発のMBT70（KPZ70）計画もつぶれ、一九七九年になってやっとM1の試作車が現われた。

そのM1も十分な性能を有してはいるものの、アメリカ戦車の伝統的な長所であった信頼性に問題が出て、就役まで一〇年を要している。

その後も順次改良されてはいるが、戦車に初めて搭載されたガスタービン・エンジンの信頼性の確保に長い時間がかかってしまった。

西側の新しい主力戦車レオパルドⅡ、チャレンジャーと比較すると、M1（初期の一〇五ミリ砲装備型）は一段格下のタンクと感じたのは筆者だけであろうか。

それがM1A1（一二〇ミリ砲装備）となると見違えるほど強力な戦車に生まれ変わり、それを待っていたかのように湾岸戦争（一九九一年）が勃発したのは、まさに幸運というほかないのである。

ドイツ

戦後の長い空白があるにもかかわらず、旧西ドイツは素晴らしい戦車を第一作として誕生させた。一九六八年に登場したレオパルドIがそのMBTである。したがってブランクは二三年におよび、その間、旧西ドイツ陸軍はM46、M48を使用していたのである。

それらのアメリカ戦車を使いながら、ドイツの戦車設計陣は『ドイツが造る戦車とはこういうものだ』という自信と共にレオパルドを生み出したのである。

細かい周辺機器を除けば、

一九六八年就役のレオパルドI　一〇五ミリL51

一九七七年就役のM1エイブラムズ　一〇五ミリL51

はほぼ似たような性能を持つ。

総合的な性能を見ていくと次のような数値となる。いずれもT54／55を基準とする指数。

	α	β	γ	R	
レオパルドI	二九五	二七三	二九五	一三四	一九六八年
M1	四〇三	三六一	四〇三	一四七	一九七七年
レオパルドII	六二四	三七五	六二四	二三〇	一九七八年
M1A1	四六四	四一五	四六四	一六九	一九八六年

この表をみれば、いかにドイツの戦車設計が優れているか、良く理解できる。

これはやはり圧倒的な空軍力のもとで戦うと考えている米陸軍と、場合によってはその援護なしに戦闘しなければならないと考えている独陸軍との差であろうか。

万一M1からM1A1に至る過程でなんらかの支障が生ずれば、アメリカ陸軍はためらわず大量のレオパルドⅡを購入したに違いない。

それにしても四枚の六角グラフには、各国の戦車設計思想が明確にあらわれており、技術史的な観点からも非常に興味深い。

今後しばらくの間、ロシアをのぞいて新戦車は登場しないと思われる。この点からもレオパルドⅡ、M1A1、チャレンジャーと、わが国の90式との能力の比較試験を行なって欲しいものである。

二十一世紀初頭の各国のMBT

第一次、第二次大戦をはじめとし、戦争に明け暮れた二十世紀が幕を閉じた。しかし歴史の区切りは決して明確なものではなく、現在の世界の情勢はそのまま引き継がれていく。

したがって各国の軍備もまたこれまでと変わらず整備されていくはずである。

もちろんこのために各国の兵器開発競争は休むことなく続き、なかでも戦車をふくむAFVはこれまで以上の需要が求められていく。

それぞれの国の経済格差が少なくなるにつれ、兵器はますます主要な商品としての価値を高めていかざるを得ない。

最後に今後の主力戦車を掲げておくが、日本を除いていずれも輸出を狙っており、世界の陸軍にこれらの戦車が行き渡るのはそう遠いことではなさそうである。

ブラジル	EE・T1オソリオ	一二〇ミリ砲
中国	85式(69式Ⅳ型)	一〇五ミリ砲
フランス	AMX−40	一二〇ミリ砲
〃	AMXルクレール	〃
ドイツ	レオパルドⅡ	〃
イスラエル	メルカバⅢ	〃
イタリア	C1	〃
〃	OF−40 Mk・Ⅱ	一〇五ミリ砲
日本	90式	一二〇ミリ砲
韓国	K1A1(88式)	〃
ロシア	SMT M一九八九	一二五ミリ砲
イギリス	チャレンジャー2	一二〇ミリ砲
アメリカ	M1A2エイブラムズ	一二〇ミリ砲

他の国々は本格的なMBTをゼロから造りだすための費用を捻出できず、前記のタイプを購入したり、ノックダウン生産を行なおうとしている。たとえばスイス陸軍の採用しているPz87型戦車とはドイツのレオパルドⅡのことである。

戦車の装甲と防御力についての補足

戦車の三要素（攻撃、防御、機動力）の一つである防御力の算定方法については種々の考え方がある。

本書においては、そのためのファクターとして、

一、前面装甲板の厚さ
二、前面装甲板の傾斜（避弾経始）の可否
三、エンジンがディーゼルであるかどうか
四、被発見率（戦車の全高に依存）

を使用している。

このほかアマチュアにも計算できる方法として、前面面積、側面面積および全容積を比較することなども考えられる。

防御力と一言でいっても、実質的には搭載弾薬の格納の仕方、消火設備まで含まれるのであるから、正確な防御力の算定などアマチュアの手に負えるものではなく、専門家でさえ数値として表わすことはできない。

したがって前述の一～四のファクターで一応の目安としているのである。

しかし最新の戦車は、装甲が複合（鋼板、スペースド・セラミックス、リアクティブ、液

体など）となっている。また最も基本となる砲塔の装甲板の暑さも公表されていない。

現在、装甲厚が公表されていないMBTとしては、

イギリス　チーフテン、チャレンジャー

フランス　AMX－30

ドイツ　レオパルドII（同Iタイプは七〇ミリ）

イタリア　OF－40

スウェーデン　〝S〟タンク

ソ連　なし。しかし次の戦車から未公表となる。

アメリカ　M60A3、M1エイブラムズ

日　本　74式、90式

韓　国　K1A1（88式）

となっていて、ソ連以外の戦車のほとんど全部のデータが不明である。この部分こそ現代の戦車については最高の機密であるといっても良い。

すでに本書では複合装甲を持っている戦車には一定の係数を与え、そのすべてを実質的な数値として記載している。

その値は推定ではあるが、それほど真の値とかけ離れているとは思えない。なぜなら、

○M60A3の場合はM60A2の装甲厚が判明

○レオパルドIIの場合、同Iの装甲厚が判明

というように系統立てて戦車を研究していけば、一応の値はかなり正確に推定できるわけである。

これにより本書では、その推測値で計算ベースを作製している。

一方、より簡単な方法で一応の防御力を算定する方法も考えられる。その一つは、

A　$防御力 = \frac{戦闘重量}{戦車の基準面積} = \frac{T(ton)}{LW + LH + WH(m^2)}$

ただし、L：全長、W：全幅、H：全高

の式であり、もう一つは、

B　$防御力 = \frac{戦闘重量}{戦車の体積} = \frac{T(ton)}{L \times W \times H(m^3)}$

である。

共にAは面積あたりの重さ、Bは体積あたりの重さであるが、一応これでも防御力の算定としてはかなり正確なデータとなる。

なぜなら、簡単に説明すれば、同じ大きさならば、〝重い戦車ほど防御力が大きい〟ということを意味するからである。

計算した結果、表われた数値が大きいほど〝防御力大〟である。

これは面積、体積あたりの重量が大きいから、エンジンなどの重量を一定とすれば、

○装甲板の占める重量の割合が大きい
○表面積、全体積が小さいから適弾が当たりにくい
という意味になる。

近年、対戦車砲弾の威力がすさまじく向上し、装甲板を傾斜させた、いわゆる避弾経始(アールをつける)の効果は低い。レバノン紛争の写真資料を見ると、敵戦車の主砲砲身に命中した砲弾が、鋼鉄のチューブ(砲身そのもの)を引き裂いている。

これでは少々カーブを持たせたアーマーなど、ものの数ではあるまい。

そうであれば、対策として有効な複合装甲を採用するか(西欧の戦車の思想)、最も敵弾の当たり易い目標を小さくするか(ソ連の設計思想)、のどちらかの道を選ぶことになる。

ここで各国のMBTについて読者のために、前記の、
A　防御力=戦闘重量/表面積
B　〃　=戦闘重量/体積
の計算結果を示しておく。

装甲板の厚さの代わりに、この数値を防御力定数として、計算全体をやりなおしてみるのも興味深いと思われる。このような簡単(ただし計算はかなり面倒)な数式で、戦車の防御力が推測できるのか、と思われるであろうが、実際に取り組んでみると、この方式の信頼性は決して低くない事実がわかる。

さて防御力推定法〝A〟、〝B〟の計算結果は、別表に示す。これに本書の計算方式を付加して防御力最高の戦車を選定してみよう。
手間のかかる計算の結果、次の順位が得られた。

一位　M1エイブラムズ　一三六
二位　レオパルドⅡ　一三一
三位　チャレンジャー　一二三
四位　T72　一一六
五位　チーフテン　一一〇
六位　74式　一〇七
七位　〝S〟タンク　一〇五
八位　T62　一〇〇
九位　M60A3　九八
一〇位　AMX-30　九〇
（基準とした戦車T62型）

（なおイスラエルのメルカバは車体後部に数人の兵員を同乗させうる型式のため除外）
陸上自衛隊のエースたる90式については、データがそろわず表に加えていない。
しかし一九九〇年代なかばで、世界最強の戦車を選ぶとすると、
○M1A1エイブラムズ

○90式
○レオパルドⅡ
○チャレンジャー
の四種となろう。

次点となるのは一二〇ミリ砲装備の韓国K1A1と思われる。

以上のように装甲板の厚さ、中空装甲の詳細など判明しなくとも、重量／体積、重量／基準面積だけでも一応の結果が出せたと思うのだが、読者の予想と一致したであろうか。

自衛隊保有戦車の実力

わが国の自衛隊は現在三種類の戦車を使用している。いずれも国産の61式、74式、90式戦車である。それぞれの数字は制式化（量産型生産開始）の年である。したがって開発年度およびその年数は次のとおりである。

61式　一九五一〜五二年より　開発期間一〇〜一一年
74式　一九六四年より　〃　一〇年
90式　一九七七年より　〃　一三年

このように主力戦車の開発には少なくとも一〇年の年月が必要とされることがわかる。

もっとも、隣の韓国の場合、開発のペースは驚くほど速かった。それまで国産の戦車を造った経験が全くないにもかかわらず、一九八三年から五年間で88式戦車（K1）を誕生させたのである。アメリカの大幅な技術援助があったにしろ、驚異的な短期間であった。

それでは、一九八〇年代末に陸上自衛隊の戦車戦力の四分の一を構成している61式戦車から見て行こう。

一、61式戦車の実力

この戦車の生産が開始された一九六〇年代の初めは、いわゆる東西冷戦の時代であった。そのため次々と新しい戦車が世界各国で誕生し、61式戦車の能力を比較しやすい状況となっている。その主なものを見て行くと、

アメリカ	M60A1	一九六二年	一〇五ミリL51砲
スイス	Pz61	一九六一年	一〇五ミリL51砲
ソ連	T62	一九六三年	一一五ミリL54砲
スウェーデン	〝S〟タンク	一九六一年	一〇五ミリL62砲
フランス	AMX-30	一九六一年	一〇五ミリL56砲
イギリス	センチュリオン10	一九六二年	一〇五ミリL51砲

であり、一九六〇〜六三年は戦車の開発にとって一つのエポックメイキングな時代であった。

前記六種の戦車を見てすぐにわかるとおり、すでにこの時代の戦車砲は完全に一〇五ミリ

砲が主流であった。これらは筆者の分類する戦後の戦車の第二世代（一九六一～七〇年）にあたるが、61式をのぞいた他のすべての戦車が一〇五ミリ以上の主砲を装備している。一九五〇～六〇年の第一世代のものは、相変わらず西欧陣営の主力をなしていたM４系の七六ミリ砲から、ＪＳⅢ重戦車の一二二ミリ砲まで多種多様であった。

しかし前述のごとく六〇年代になると、自由主義陣営の主力戦車砲は全部一〇五ミリとなっている。にもかかわらず、61式の九〇ミリ砲は、アメリカのM26系から使われだした五〇口径であるから、筆者の算定方式によれば威力は大きくない。

61式の九〇ミリL50砲は、威力指数九八で、

T34／85	八五ミリL54	一〇〇
V号パンテル	七五ミリL70	一一二
VI号ティーゲルI	八八ミリL56	一〇五
VI号ティーゲルII	八八ミリL70	一三二
センチュリオン6	八四ミリL70	一二八
スーパーシャーマン	七六ミリL62	一〇一

などの第二次大戦後期の主力戦車と比較しても多少弱体といえる。

この理由は、優秀な戦車を持たなかったアメリカの影響をまともに受けたことによるのであろう。米軍のM26、M46は朝鮮においてT34／85を撃破したが、この戦争がもう少し長引き、ソ連製のT54（一九五六年、一〇〇ミリL54砲装備）が登場していたら、徹底的な敗北

を喫していたはずである。アメリカはM46の次期戦車であるM47、M48A1まで、この九〇ミリL50砲に頼っていた。このことは射撃システムの優秀性や砲の安定装置の技術などに自信を持っていたからともいえるが、やはり砲自体の威力はソ連戦車に常に劣っていたのである。

このようなアメリカの戦車技術を踏襲するかぎり、61式戦車の武装は宿命的に弱体であった。また道路、鉄道輸送に適合させたため、コンパクトで機動性が良くなっている代償として車体に改良の余地が少ない。

これはシャーマンの能力増大と比較してみればよくわかる。

イスラエルは、その国の存亡にもかかわっていたからでもあるが、保有する戦車の改造を徹底して行ない、旧式のシャーマンの攻撃力を二倍にまで増強している。なんとM4の車体にNATO軍の標準戦車砲である一〇五ミリL51砲まで載せているのである。

一九四五年以来、常に戦い続けてきた国と、平和を享受してきたわが国との根本的な相違であろうか。

それにつけても61式戦車は一〇五ミリL51砲を装備すべきであった。そのために一～二年制式化が遅れた、としてもである。

もし一〇五ミリ砲を装備できていれば、その後も十分役に立っていると思われ、常に戦車の数が不足（兵員も同様であるが）に悩まされている自衛隊の有力な戦力となり続けた。

主砲の大口径化はターレットの全体の設計をやりなおすほどの大仕事だが、他の要素、たとえば照準器の近代化などは比較的簡単な作業で可能である。61式の九〇ミリL50砲を一〇五ミリL51砲に交換して、動力性能が多少低下しても、最新式のレーザー照準器と一〇五ミリ砲を装備した61式〝改〟戦車は、T62級に十分対抗できたであろう。

どうも近年の自衛隊は、旧式化した兵器をあまりに簡単に廃棄してしまう傾向が強いと思う。特に海自、陸自にその感が強い。

豊かなアメリカでさえ、万一に備えて旧式化した兵器を大切に保管しているのである。

61式戦車の場合、実力の評価としては、主砲性能の一点に絞りすぎた観があるが、次に74式戦車について述べよう。

二、74式戦車の実力

まず61式と違って74式の場合には、比較の対象となる戦車が年代的に存在しない。したがってなるべく近い年代のものを掲げる。

ＩＫｖ91駆逐戦車　スウェーデン　一九七〇年

九〇ミリL50砲装備の軽戦車

T72ＭＴＢ　ソ連　一九七六年

一二五ミリL50砲装備の中戦車

の二種であるが、前者は重量わずか一六トンの軽戦車であり、一方T72の方は74式よりかなり近代的な主戦闘戦車となっている。

したがって比較の対象としてはどちらも適当とは言い難い。

このようなことから、他の戦車との直接の比較は別として、わが国のMBTである74式戦車を見て行こう。

結論から述べるとすれば、74式は非常に日本の国情に適応した戦車だと断言できる。一部にはチーフテン、レオパルドⅡに装備されている一二〇ミリ砲を付けるべきだった、との批評もないことはない。

しかしもし一二〇ミリ砲を装着するとなれば、たしかに攻撃力は大きくなるが、その反面機動力は低下し、また戦車の被運搬性（いかに簡単、迅速に戦車を運べるか）は極めて悪くなる。日本の鉄道は狭軌道であり、したがって全幅が74式より広くなる戦車の輸送は困難である。

一二〇ミリ砲を搭載している西欧の戦車の全幅は、チーフテン三・五メートル、チャレンジャー三・五一メートル、レオパルドⅡ三・七五メートル、M1エイブラムズ三・六三メートルである。

したがって74式が一二〇ミリ砲を装備すれば、最低でも全幅三・五メートル、重量四五トンとなるであろう。となれば被運搬力は大幅に低下する。

また一〇五ミリL51砲は西側の主力戦車砲であり、部品、砲弾の供給なども容易である。

それだけではなく一九八二年のレバノン紛争においては、イスラエル軍戦車の一〇五ミリ砲は、特殊な発射薬を使用して遠距離からT72の前面装甲板を貫通している。戦車砲弾の性能向上と、強装発射薬の使用により、その後新たに出現したT80、90戦車の破壊も可能と筆者は考える。

ただこの二点（新型の一〇五ミリ用砲弾と発射薬）が陸上自衛隊に用意され、また74式戦車の戦車砲に使用できる、という条件が肝要である。筆者のようなアマチュアには、これが可能かどうか答えるだけの資料がない。またそれらのデータを陸自が保有しているとしても、最高度の機密事項であろう。

しかし自由主義陣営の兵器の統一化が少しずつ進んでいることでもあるから、74式の一〇五ミリL51砲でもイスラエルの同型式の砲と同じ威力を発揮できるはずである。

もし砲の威力が十分だとすれば、あとはそれをサポートする周辺システムの能力が問題となる。この点については、日本の軍事技術は最高水準にある。

なぜなら、一般的に兵器とはその国の技術の結集であるからである。世界最高水準のエレクトロニクス、最も高い信頼性を有する日本の自動車などを見れば、74式戦車の能力が高いことは予想できる。

その一方で74式戦車については、設計が稠密《ちゆうみつ》すぎるきらいも見られる。油圧を用いた前後左右の姿勢変更システムなど、世界中を見渡しても本車だけのもので、韓国製88式（K1A1）にも射撃時の姿勢変更装置が付いてはいるが、前後方向の制御だけである。

三、90式戦車の実力

完成した時点で〝最強の戦車〟になり得なかった74式の失敗は、この90式によって見事に払拭され、素晴らしく強力な戦車の誕生となった。戦闘重量五〇トン、全長九・八メートル、全幅三・四メートルの大きな車体にもかかわらず、乗員は三名と少ない。これは国産の砲弾自動装塡システムが取り付けられているからである。

エンジンは液冷一〇気筒ディーゼル一五〇〇馬力で、五〇トンの車体を七〇キロ／時の速度で走らすことができる。

西側陣営の共通戦車砲ともいうべき一二〇ミリ砲を備え、あらゆる点で90式は世界最強の戦車となっている。

現在これに匹敵するのは、アメリカのM1A1、ドイツのレオパルドⅡのみで、イギリスのチャレンジャーは機動力の面から多少劣る。

つまり世界のMBTのベストスリーに数えて間違いないようである。

日本は一九三二年に制式化された八九式以来、終戦までに九七式、一式、三式中戦車、戦後に至ってM4、M41、61式、74式と多くの戦車を保有しながら、性能的には常に低い車輌に甘んじてきた。

ところがこの90式により、ようやく世界のトップに躍り出ることができたのである。一二〇ミリ砲こそドイツのラインメタル社製ではあるが、国産も可能なことが確認されている。

90式について最も問題となるのはその価格で、M1、レオパルドの三〜四倍といわれ、そのため製造数は一年間に二〇台にすぎない。それどころか防衛費の削減により、月に一台ないし一・五台まで縮小される可能性さえある。

最終的な保有数ははっきりしないが、せいぜい二〇〇から四〇〇台、あきれるほどのスローペースといってよい。

一台同士の戦いなら90式は、他のいかなる戦車も撃破できようが、数の問題だけはいつまでも残りそうである。

大戦後の軽戦車と新重装甲車

第二次大戦中期よりいわゆる〝軽戦車〟の役割は少しずつ限定されてしまった。製造費が安く、大量に保有可能な軽戦車であるが、火力の点では中戦車に太刀打ちできず、一方的に撃破されてしまうからである。

ヨーロッパ、太平洋両戦線ともこれは同じで、軽く、弱い戦車の生存性は、ますます少なくなっていくのである。

この傾向は第二次大戦後も弱まるばかりかますます増長し、軽戦車の役割は現在でも縮小されつつある。

MBTの開発が盛んになり、次々と新しい戦車が誕生するのに、軽戦車の新しいタイプはほとんど生まれて来ていない。したがってここでは戦後開発された主要な軽戦車一〇種の評価を、まとめて試みてみよう。数が少なくないので、世代によって分類はせず、総括して評価することにする。

取り上げた軽戦車は、

アメリカ：M24（18トン）、M41（24トン）、M551（17トン）

フランス：AMX－13（七六ミリ砲・14トン）

イギリス：スコーピオン（9トン）

スウェーデン：IKv91（15トン）

ロシア：PT－76（14トン）、BMD空挺戦車（9トン）

中国：63式（19トン）、62式（20トン）

の一〇台である。

この中には第二次大戦末期に登場したM24から63式まで、年代的にはかなりの隔たりがあるが、ともかく数が少ないので、特にハンディキャップをつけずに評価した。

前記一〇台のうち、水陸両用として使用できるものは、IKv91、PT－76、BMD、63式であるが、アメリカのM551もフロートキットを装着すれば水陸両用車輌となる。

主砲はM24の七五ミリL30（威力数二二五〇）からAMX－13の九〇ミリL52（同四六八〇）まで種々の戦車砲が使用されている。

しかしこれらの軽戦車の主砲は、たとえ小口径のものであっても、軽戦車同士の砲戦では威力は十分である。

ともかく、ここで軽戦車として取り上げた車輛は、戦闘重量二〇トン以下のものであり、唯一の例外がM41の二三・五トンとなっている。

また最も装甲の厚い63式でも約五〇ミリであるから、七五ミリ砲弾は簡単に貫通するであろう。

次に軽戦車の存在理由である偵察能力(ここで必要とされるのは、攻撃力、防御力ではなく、機動力であろう)を探ってみよう。

詳しい数値の比較は省略するが、機動力、運動性をキャタピラの接地圧、出力重量比から見れば、

一位　スコーピオン
二位　BMD
三位　M551
四位　IKv91

となって、いずれも設計の新しい戦車であることがわかる。やはり軽戦車の役割は中戦車とは全く異なり、高い機動性を生かした偵察が主任務である。

これらの戦車の路上最大速度は七〇キロ／時で、同時代のMBTの一・八〜二・〇倍に達している。

次に軽戦車としての総合的な評価を行なってみる。この評価には二つの条件が付加される。

一、水陸両用の能力を考慮しない。（場合によっては機動性の一〇パーセント増としてもよいと思う）

二、対戦車ミサイルを装備（M551、AMX－13、BMD）していても、その能力は算定しない。

いずれも数値として表示不可能な能力なので、計算に入れずにおいた。

この結果、次のような順位が得られる。

戦後の軽戦車の能力順位表（一九四五～九〇年代）

一、63式　中国　八五ミリ砲
二、IKv91　スウェーデン　九〇ミリ砲
三、AMX－13　フランス　七五ミリ砲
四、AMX－13（九〇ミリ砲）　九〇ミリ砲
五、スコーピオン　イギリス　七六ミリ砲
六、BMD（空挺）　ソ連　七三ミリ砲
七、M41　アメリカ　七六ミリ砲
八、PT－76　ソ連　七六ミリ砲
九、M24　アメリカ　七五ミリ砲
一〇、M551　アメリカ　一五二ミリ短身砲

このうちの63式は、中国が開発した水陸両用の戦車であるが、車体はソ連のPT－76、砲

塔はオリジナル設計の混合となっている。

また半球型の砲塔は62式軽戦車と同じもので、外観だけでは区別がつきにくい。戦車砲についてはロ径83ミリ、あるいはT34／85の八五ミリ砲とする説もあって、詳細は不明だがここでは八五ミリとした。

軽戦車に関しては、前述のごとく〝重戦車〟と同様にその存在価値が問われている。機動性を主眼とするなら装輪式（タイヤ付き）の装甲車の方が、構造が簡単で、速度も速く、また価格も安い。

対戦車戦闘能力が重視されないのであれば、小口径の主砲など必要なく、その分歩兵を搭乗させた方が効果的である。

となると、軽戦車よりＡＰＣ（装甲兵員輸送車）、ＩＣＶ（歩兵戦闘車）、もっと安価にはＦＲＶ（高速偵察車輛。新しいタイプのジープ、米軍のハマーなど）が偵察部隊の主流となろう。

事実それが、ブラッドレー装甲車やＬＡＶ－25のような車輛となるのであった。

戦車の開発能力では、英、独、ソ連に多少遅れているアメリカが、この分野では世界の最先端をいっている点は興味深い。

いずれにしろ、先進国の陸軍が軽戦車の開発を全く行なっていない現在、この車種は遠からず消滅していくものと思われる。

軽戦車の衰退にともない、種々のＡＦＶが生まれ、一般の人々にわかりにくくなっている。

たとえば、
一、戦車と装甲兵員輸送車の中間的存在の車輛
（機械化）歩兵戦闘車（M）ICV
例：アメリカ陸軍のM２／３ブラッドレー
ロシア陸軍のBPM２／３
イギリス陸軍のウオーリアー（MCV80）
二、戦車とタイヤ付き装甲車の中間的存在の車輛
例：フランス陸軍のパナールERC90九〇ミリ砲
ブラジル陸軍のEE－9カスカベル九〇ミリ砲
ベルギー陸軍のSIBMAS九〇ミリ砲
南アフリカ陸軍のルーイカット七六ミリ砲
アメリカ陸軍のLAV600コマンドウ一〇五ミリ砲
三、戦車と装甲兵員輸送車を合わせた車輛
例：イスラエル陸軍のメルカバ一〇五ミリ砲
などで、いずれもかつてはどの国の陸軍にも存在しなかったビークルである。
特に、「二」のタイヤ付き重装甲車とも呼ぶべき車輛は、軽戦車に代わるものとして〝流行のきざし〟を見せている。日本で見ることはできないので、なかなかイメージが湧かないが、工場現場で見られるたくさんのタイヤの付いた巨大なクレーン車を思い浮かべれば良い。

四、六または八輪のクレーン車に一応の装甲をほどこし、七六～一〇五ミリの強力な戦車砲を載せる。それだけで重装甲装輪車輛の出来上がりとなる。

これらのAFVの利点としては、

○不整地通過能力はキャタピラ付きの車輛に劣るが、他の機動性には優れている。

○攻撃力は戦車とほぼ同様である。

○防御力は大きく劣るものの、製造コストが低く、発展途上国でも購入できる。

○根本的には自動車（トラック、トレーラー）の仲間なので整備が容易、信頼性も高く、また乗り心地も優れている。

などである。このためブラジルのカスカベル、南アのルーイカットは、思いもよらぬベストセラーとなりつつある。面白いことにアメリカ、ロシア、日本、韓国、ドイツ、イギリスの陸軍は、この種の重装甲車に全く興味を示していない。

付2　第二次大戦後の主要戦車全データ

ベトナム戦争における北ベトナム軍の主力となったT54／55型戦車

戦車名：T54／55、登場年度：1955年、種別：主力戦車、国名：ソ連、乗員数：4名、戦闘重量：36トン、自重：31トン、接地圧：8.0トン／m^2、全長・全幅・全高：6.3m・3.3m・2.2m、エンジン：ディーゼルV型12気筒、出力：530HP、出力重量比：14.6HP／トン、最高速度：50km／h、航続距離：620km、主砲口径：100㎜、砲身長：54、威力数：5400、副武装／機関銃：12.7㎜、7.62㎜各1梃、装甲：最厚部200㎜。

T54／55型戦車
（ソ連）

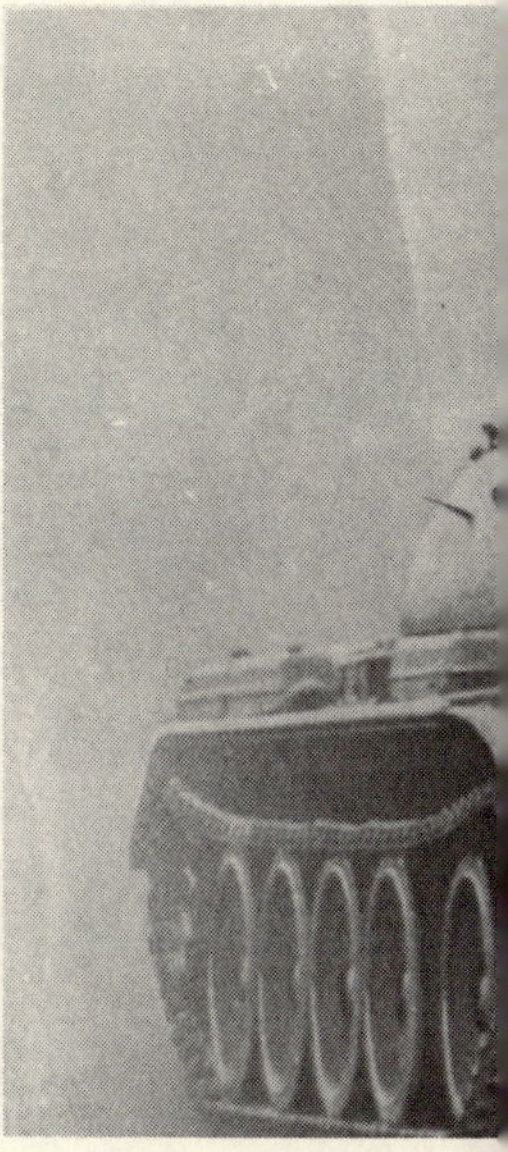

すでに生産は終了しているが、その数量は5万台にちかい大量生産が行なわれた中戦車である。共産圏のすべての国で使用されているほか、中国を含む数ヵ国でライセンス生産されたため、このような膨大な数が生まれ出ている。

主砲として100L54という強力な砲と、厚さ200ミリを超す重装甲ながら自重はわずか31トンと、その設計はきわめて優れている。また車体、砲塔とも避弾経始は理想的で、T62、T72と続くソ連のMBTの基本となった。

T54とその改良型であるT55は大差がなく、一般にはT54／55と表示される。

このシリーズは朝鮮戦争をのぞいた戦後の各地の紛争のさい、たびたび敵味方に分かれて戦っている。その後もT54／55はアラブ諸国、アジアのいくつかの国の主力戦車となっており、その誕生から半世紀にわたって使用されている。

小型ながら中東戦争で大活躍したAMX-13軽戦車

戦車名：AMX-13（90㎜砲）、登場年度：1953年、種別：軽戦車、国名：フランス、乗員数：3名、戦闘重量：15トン、自重：14トン、接地圧：7.6トン／m^2、全長・全幅・全高：4.9m・2.5m・2.3m、エンジン：ガソリン8気筒、出力：250HP、出力重量比：16.7HP／トン、最高速度：60km／h、航続距離：480km、主砲口径：90㎜、砲身長：52、威力数：4680、副武装／機関銃：7.6㎜×1梃、装甲：最厚部40㎜。

AMX-13軽戦車

（フランス）

1950年代の初めにフランスが開発したユニークな軽戦車がAMX-13である。重量15トンの小さな車体にドイツの対戦車砲から発展した75ミリ砲を有する。ターレットは主砲にカバーをつけた程度の簡単なもので、自動装填システムにより乗員は3名である。初期のタイプはS11型ATM（対戦車ミサイル）を4基装着していた。

驚くべきことは後期型に大口径の105ミリ砲を装備したことで、現在のところ105ミリ砲をもつ最も軽量の戦車である。

この戦車の装甲はわずか40ミリであるが、全高がきわめて低い（2.33メートル）ので被発見率は小さい。したがって多少の遮蔽《しゃへい》物がある場所では敵のMBTに十分対抗できる。

このためAMX-13は実に20ヵ国に輸出され、中東、インド・パキスタン戦争などに参加している。誕生後半世紀をへた今日でも、改良型が現役の軽戦車として生き続けているのである。

派生型を含めると2万台以上生産されたPT-76水陸両用戦車

戦車名：PT-76、登場年度：1960年、種別：水陸両用偵察戦車、国名：ソ連、乗員数：3名、戦闘重量：14トン、自重：10.6トン、接地圧：4.7トン／m^2、全長・全幅・全高：6.7m・3.2m・2.2m、エンジン：ディーゼル直列6気筒、出力：240HP、出力重量比：20HP／トン、最高速度：45km／h、航続距離：350km、主砲口径：76㎜、砲身長：48、威力数：3648、副武装／機関銃：7.6㎜×1梃、装甲：最厚部40㎜。

PT-76 水陸両用戦車
（ソ連）

1950年代のはじめに登場した水陸両用の軽戦車である。主砲が76ミリ砲であるので、対戦車戦闘に使用することは考えられず、その用途は偵察、火力支援である。この戦車の特徴は水上走行のためのウォータージェット方式を採用しており、キャタピラ推進の両用戦車より走行速度が大きい。

すでに生産は終了しているが、車体を利用したミサイル・プラットフォーム、装甲兵員輸送車などが作られていることもあり、量産総数は2万台を超えている。

PT-76はベトナム、インド・パキスタン戦争には多数が参加し、特に後者においては水陸両用性が重用され、大きな活躍を記録している。

登場以来すでに50年を超すPT-76であるが、いまだに多数がアジア、中東の国々で偵察用戦車として使用され、その総数は5000台に達していると思われる。中国は本車をベースに63式軽戦車（85ミリ砲装備）を開発した。

車体にアルミを用いたM551シェリダン偵察用軽戦車

戦車名：M551シェリダン、登場年度：1960年、種別：偵察用軽戦車、国名：アメリカ、乗員数：4名、戦闘重量：17トン、自重：15トン、接地圧：4.9トン／m^2、全長・全幅・全高：6.3m・2.8m・2.3m、エンジン：ディーゼルV型6気筒、出力：212HP、出力重量比：18HP／トン、最高速度：65km／h、航続距離：600km、主砲口径：152㎜、砲身長：25、威力数：3800、副武装／機関銃：12.7㎜、7.6㎜各1梃、装甲：最厚部40㎜。

M551シェリダン偵察用軽戦車
（アメリカ）

車体にアルミ合金を使用した高速の偵察用軽戦車である。その特徴は、主砲としてミサイルも発射可能な152ミリガン・ランチャーを装備したことである。

この152ミリ砲は砲身が短く、したがって対戦車戦闘にはシレーラミサイルを使用する。

しかし戦車の主武装がミサイルで良いかどうかの議論が起こり、またシレーラ自体にもいくつかのトラブルが発生したため、生産は3000台で打ち切られた。

このシェリダン軽戦車はベトナムに送られ、機動性がきわめて高いことを証明した反面、アルミのボディが地雷、被弾に弱いという欠点も表われた。

この事実はシェリダンの寿命を縮める結果となり、後継車の製作が中止となったため、アメリカ軍の軽戦車として最後のものとなった。シェリダンは1991年の湾岸戦争にも参加している。

朝鮮、中東戦争で活躍したセンチュリオン戦車

戦車名：センチュリオン、登場年度：1945年、種別：主力戦車、国名：イギリス、乗員数：4名、戦闘重量：52トン、自重：40.6トン、接地圧：9.4トン／m^2、全長・全幅・全高：7.8m・3.4m・3.1m、エンジン：ガソリンV型12気筒、出力：650HP、出力重量比：12.2HP／トン、最高速度：35km／h、航続距離：190km、主砲口径：105㎜、砲身長：51、威力数：5355、副武装／機関銃：7.6㎜×2梃、装甲：最厚部240㎜。

センチュリオン戦車
（イギリス）

1945年の初登場以来、半世紀以上にわたって世界各国で使用されている傑作戦車である。したがって改良に改良を重ね、型式はⅠ型からXⅢ型にまでおよんでいる。主砲も76L61、84L70と威力を増し、Ⅸ型からは105L51と西欧諸国の標準戦車砲を装備している。

センチュリオンは本来、ドイツの重戦車群に対抗するために製作された中戦車であったが、結局第2次大戦には間にあわなかった。

しかしその後の朝鮮、ベトナム、中東などの戦争では、高い信頼性と防御力を発揮して大活躍し、とくにイスラエル国防軍においては長い期間MBTとしての地位を保ちつづけた。エンジンがガソリンであること、速度が遅いなどの弱点もあるが、兵器としての信頼性が、その弱点を補っている。

その後もセンチュリオンを装備する国は10カ国を超え、改良派生型を含めると、様々なバリエーションの車体が登場した。

特異なスタイルのスウェーデン陸軍の"S"タンク

戦車名：Sタンク（Strv103）、登場年度：1966年、種別：主力戦車、国名：スウェーデン、乗員数：3名、戦闘重量：40トン、自重：37トン、接地圧：10.4トン／m^2、全長・全幅・全高：7.0m・3.7m・2.4m、エンジン：ディーゼル・ガスタービン混用、出力：730HP、出力重量比：18.4HP／トン、最高速度：50km／h、航続距離：390km、主砲口径：105mm、砲身長：62、威力数：6510、副武装／機関銃：7.62mm×3梃、装甲：最厚部100mm。

Ｓタンク戦車

（スウェーデン）

スウェーデンは中立国であるが、スイス同様きわめて強力な軍事力を有している。また軍事技術においても独特の兵器を国産化する力をもっている。そのひとつが他に例のない無砲塔戦車Strv103、通常“S”タンクと呼ばれるMBTである。

4個の大転輪をもつ“S”戦車は小さく思えるが、戦闘重量は40トンに近く、ソ連のMBTよりはるかに重い。きわめて低い位置にある主砲（105ミリ）は発射時には油圧システムによって50センチほど持ち上げられる。

またこの戦車のエンジンは240馬力の多燃料ディーゼル、および490馬力のガスタービンを併用しており、互いに独立、または同時に作動する。

それに加えてこのMBTは短い距離なら水上走行も可能である。ともかくStrv103はその外観はもちろん、技術的にも他の戦車とあまりに異なるので、その実力の評価はきわめて困難である。

歩兵8名を後部に乗せることができるメルカバ戦車

戦車名：メルカバMk2、登場年度：1979年、種別：主力戦車、国名：イスラエル、乗員数：4名、戦闘重量：60トン、自重：52トン、接地圧：9.0トン／m^2、全長・全幅・全高：7.5m・3.7m・2.8m、エンジン：ディーゼルV 12気筒、出力：900HP、出力重量比：15.0HP／トン、最高速度：46km／h、航続距離：400km、主砲口径：105㎜、砲身長：52、威力数：5460、副武装／機関銃：7.62㎜×3梃、装甲：最厚部110㎜。

メルカバMk2戦車
（イスラエル）

４次にわたる中東戦争で無数ともいえる戦車戦を経験したイスラエル陸軍が、独自の思想と技術によって誕生させた新型車である。

主砲は105L51でごく一般的なものであるが、４名のクルーのほかに６～８名の歩兵を車体の後部に乗せることができる。このためエンジンは前部に移されて、前方からの被弾時のサバイバル性を高めている。ターレットの高さも著しく小さく、したがって全高も低い。しかし全体の寸法（特に側面）は大きく、側方からの攻撃に弱いともいえる。

メルカバは戦車と歩兵戦闘車の役割を１台で果たすことができ、機動主体の戦闘では非常に強力なAFVであると考えられる。

初の実戦となったレバノン紛争では、かなりの数のメルカバが期待通りの活躍をみせ、このタイプのAFVに関心をもつ諸外国の戦車設計に、大きな影響を与えた。その後120ミリ砲装備の３型も登場している。

新設計の砲塔にミサイルを装備したM60A3戦車

戦車名：M60スーパーパットン、登場年度：1978年、種別：主力戦車、国名：アメリカ、乗員数：4名、戦闘重量：52トン、自重：47トン、接地圧：7.6トン／m^2、全長・全幅・全高：7.0m・3.6m・3.2m、エンジン：ディーゼルV型12気筒、出力：650HP、出力重量比：13.3HP／トン、最高速度：50km／h、航続距離：600km、主砲口径：105㎜、砲身長：51、威力数：5355、副武装／機関銃：12.7㎜、7.6㎜各1梃、装甲：最厚部160㎜。

M60戦車
（アメリカ）

M26、M46、M47、M48、M60と続くアメリカ陸軍の一連のタンクシリーズの最終型である。

このM60と、そのひとつ前のM48（A5）とは大きな相違はなく、また外観はM26以来ほとんど変化しておらず、一般の人々には車種の正確な区別がつけ難い。しかしこれは、このシリーズの戦車について改良すべき点はすべて手をつけた、といった事実を示し、M60（特にA3）は最も完成度の高い戦車となっている。

また要目に掲げられた数値以外に、エレクトロニクスを豊富に使用した射撃照準システムなど、その能力は非常に高い。M60は、第４次中東戦争および湾岸戦争では、新しく開発されたソ連製戦車を容易に撃破している。

数の上ではM60シリーズは自由主義陣営の標準的な戦車となっており、ライセンス生産分を含めると１万5000台近い数が作り出されている。また韓国、台湾、イスラエルは独自の改良型を生産している。

湾岸戦争の際、イラク軍の主力であったT72戦車

戦車名：T72、登場年度：1980年、種別：主力戦車、国名：ソ連、乗員数：3名、戦闘重量：41トン、自重：31.1トン、接地圧：8.3トン／m^2、全長・全幅・全高：7.0m・4.8m・2.4m、エンジン：ディーゼルV型12気筒、出力：780HP、出力重量比：19HP／トン、最高速度：60km／h、航続距離：480km、主砲口径：125mm、砲身長：50、威力数：6250、副武装／機関銃：7.6mm×1梃、装甲：最厚部350mm。

T72戦車

(ソ連)

西側の一部の新型戦車が120ミリ砲を搭載しはじめたため、旧東側のMBTたるT62の115ミリ砲でも威力不足が心配され、125ミリ砲の新戦車が1976年に登場した。これがその後ソ連軍の中核となったT72である。

T62がT55系の発展型であったのに対して、T72は全く新しい設計によるものである。重量は41トンと重くなり、また125ミリ砲には自動装填システムを採用し、ソ連のMBTとしては、初めてクルーを3名としている。その結果ターレットは極めて小さくなって、形も理想的である。一方、射撃、測距システムも画期的な性能のものを装備している。

しかし砲塔が小さいので、チャレンジャー、レオパルドⅡのような複合装甲は使っていないようで、被弾に対するサバイバビリティ(生存性)は西側の新鋭戦車に一歩を譲っている。戦車の主砲の大口径化は、この125ミリをもって一段落しそうな気配である。

湾岸戦争の勝利者 M1 エイブラムズ戦車

戦車名：M1A1 エイブラムズ、登場年度：1980 年、種別：主力戦車、国名：アメリカ、乗員数：5 名、戦闘重量：53 トン、自重：40.8 トン、接地圧：8.4 トン／ m^2、全長・全幅・全高：7.6m・3.7m・2.4m、エンジン：ガスタービン、出力：1500HP、出力重量比：28.5HP ／トン、最高速度：72km ／ h、航続距離：470km、主砲口径：120㎜、砲身長：51、威力数：6120、副武装／機関銃：12.7㎜× 1 梃、装甲：複合装甲に付き不明。

M1 エイブラムズ戦車
（アメリカ）

アメリカ陸軍がM26～M60のシリーズを打ち切り、全く新たに開発した新型戦車である。

特に注目すべき点は、ディーゼル・エンジンに代わって装備されたガスタービンで、60トンの大型戦車を時速70キロの速度で走らせることができる。主砲はもちろん大口径120ミリ砲であり、エレクトロニクスを多用した射撃システムをもっている。車体、砲塔の形状、各種の防御システムも極めて優れている。

しかし一方では、動力伝達装置、エンジンなどの信頼性の不足が指摘されて、実戦部隊への配備は大幅に遅れてしまった。

その後状況は少しずつ改善され、それにつれてエイブラムズは真の意味のMBTに成長する。そしてその真価を発揮したのが、1991年冬の湾岸戦争であった。このさいの戦闘で、本車はソ連戦車の115、125ミリ砲弾の命中にも耐え、無敵ともいえる能力を発揮している。

韓国のK1A1（88式）戦車

戦車名：K1（88式）戦車、登場年度：1988年、種別：主力戦車、国名：韓国、乗員数：4名、戦闘重量：51トン、自重：45トン、接地圧：8.6トン／m^2、全長・全幅・全高：7.5m・3.6m・2.3m、エンジン：液冷ディーゼル8気筒、出力：1200HP、出力重量比：23.5HP／トン、最高速度：65km／h、航続距離：500km、主砲口径：105㎜、砲身長：52、威力数：5460、副武装／機関銃：12.7㎜、7.62㎜各1梃、装甲：最厚部不明。

K1（88式）戦車

（韓国）

韓国が総力を挙げて完成した第1号の戦車で、1988年制式化されている。正式な呼称は“主力戦車K-1”であるが、88式（発音はパルパル）と呼ばれている。

エイブラムズに似た車体に、幅が広く低い砲塔をもっており、1200馬力の強力なエンジンにより運動性がきわめて大きい。またわが国の74式と同様に、油圧によって車体の傾き（前後方向のみ）を変えることができる。

88式は優秀な戦車ではあるが、主砲は105ミリ（M68型）で攻撃力は十分とは言えなかった。そのためイスラエルの技術供与により、120ミリ砲装備型の開発が続けられ、砲塔、車体とも大きく、スペースには余裕があるので、120ミリ砲装備型（K1A1）が登場したのである。

88式の生産数は550台と予定されていたが、その後“北”の脅威が増大したため、1000台を超す数が生まれる予定である。また装備を簡略化した輸出型の製作も行なわれている。

自衛隊の主力戦車の三代目となる90式戦車

戦車名：90式戦車、登場年度：1990年、種別：主力戦車、国名：日本、乗員数：3名、戦闘重量：50トン、自重：46トン、接地圧：8.9トン／m^2、全長・全幅・全高：7.8m・3.4m・2.6m、エンジン：ディーゼル12気筒、出力：1500HP、出力重量比：30HP／トン、最高速度：73km／h、航続距離：340km、主砲口径：120㎜、砲身長：44、威力数：5280、副武装／機関銃：12.7㎜、7.62㎜各1梃、装甲：最厚部不明。

90式戦車
（日本）

完成した時点で必ずしも最強とはなり得なかった74式戦車の反省をふまえて、1990年に制式化された“新戦車”がこの90式である。液冷12気筒1500馬力ディーゼル・エンジン、セラミックス、チタン使用の複合装甲はいずれも国産であり、その意味では日本の工業技術の結晶と言っても過言ではない。また120ミリ砲こそラインメタル社のライセンス生産品ではあるが、照準器などは国産品を採用している。

90式戦車については、砲塔のデザイン：レオパルド・Ⅱ型。スカート・車体：M1エイブラムズ型。複合装甲：チャレンジャー型。

これらにそっくりとの批評もあるが、見方を変えれば上記三車種の長所を大胆に取りいれた強力な戦車ということでもある。

難点はその価格で、現在のペースでは1年に10～20台を揃えるのが精いっぱいで、その後も生産が続けられても総数は350台程度にすぎない。

あとがきに代えて——指数とその算出法

第1部から〝戦車〟という人間の造り出した最強の陸戦兵器について、その能力を分析してきた。筆者のように常に戦車に関心を持ち続けていると、これらの鋼鉄の塊にすぎぬ車輛がまるで生き物のように感じられることがある。

ディーゼルエンジンの振動は心臓の鼓動に、転輪とキャタピラの動きは強靭な足に、そして突き出した長砲身の主砲は、頑丈な太い腕に思えるのである。

もし遠い将来、戦車という兵器が不要な時代がやってきたら……。その時、未来の人々は、現代人が日本刀を見つめる心境で、この〝鋼鉄の獣たち〟を眺めるであろう。

日本刀と戦車は、共に人類にとって決して存在してはならないものでありながら、恐ろしい程の魅力を秘めているのである。それは古代から現在にいたる武器というものの魔力でもある。

さて、あとがきに代えて二つの事柄について記しておきたい。いずれもわが国では容易に根付こうとしない軍事技術の研究に直結すると思われるからである。

(1)戦車についてより深く学びたいと考える読者諸兄のために、戦車という兵器の能力をいかに評価すべきかを説明する。

(2)兵器の能力を数値で示すための一つの手法を掲げる。アメリカ、旧ソ連の戦略兵器制限交渉（SALT）において、それを削減するための長距離爆撃機の能力比較について、本書に似た方法が使われている。

この数式を用いて指数化し、それを比較するのは、完全ではないもののきわめて有効な判定方法なのである。現在流行しているシミュレーションゲーム、ロールプレイングゲームも、これをもとに作られている場合が多い。

これら二つの意味から、第1部第1章の能力比較の方法をより詳細に説明し、より深く戦車について勉強したいと考えている読者、まだシミュレーションゲームを組み立てる手法を学ぼうとする方々の便に供したい。

もちろん第二次大戦、その後の紛争における戦車の運用を自分なりに研究したい方々は、本書記載の数式を――場合によってはより本格的に作り直して――役立てていただきたい。

基礎計算データの説明

それではまず、それぞれ戦車の性能指数の基礎となるデータから説明して行こう。この基礎データをはっきりと理解しておかないと、次の性能指数の意味がわかり難くなる。

一、砲口径：M

主砲の口径であり、単位はミリ（ミリメートル）である。機関銃、機関砲を除き主要な武装が二種類ある旧式戦車（たとえばM3グラント、シャールB戦車、七五ミリ砲および三七～四七ミリ砲を装備）に関しては口径の大きいものを取りあげ、他の火砲は考慮していない。

二、砲身長：L

これも砲身の長さという意味で、口径とも呼ばれるが、(1)と区別するために砲身長という語を用いている。単位はMの倍数で表わす。このMとLの関係については、攻撃力Aの項で説明する。またすでにおわかりのように、文中では七六ミリL41、あるいは八八L55という具合に表現している。いずれもLの前の数値が口径、後が砲身長である。

三、装　甲

今回の研究では装甲板について三種類の数値を考えた。まずそれらについて個々に説明する。

装甲厚：a

その戦車の有する装甲板の最も厚い部分（ほとんどの戦車の場合、砲塔前面）をaとする。

単位は㎜である。

装甲厚：b

車体前面および砲塔に有効な避弾経始（被弾した場合、その効果を減少させるための傾斜）を有するとき、装甲厚aに対して一〇パーセント増しと考える。つまりb＝1.1aである。

厳密にその効果を考えれば、傾斜角度、装甲板の材質、製造方法などを考慮しなければならないが、戦車の全周にわたって同じ装甲がなされているわけでもなく、また装甲板の厚さ、角度もいろいろと組み合わされているので、この簡易法を使用する。

なお、例を上げれば、ティーゲルⅠについて避弾経始は全くなく、したがって装甲厚としてaの値を採用し、ケーニクス・ティーゲル（キングタイガー）はその形状からbをとることになる。

装甲厚：c

戦車の防御力は、装甲と被弾時の非発火性に大きく依存する。そして火災の原因となるのは、ほとんどが燃料である。したがって、エンジンがガソリン機関かディーゼル機関かの差は防御力に大きく影響する。

これは第二次大戦中には、ガソリン・エンジン付きの戦車が多数存在したが、現代の主力戦車のほとんど全部が、ディーゼル・エンジンあるいはガスタービンであることから証明される。

ディーゼル油の発火点が、ガソリンに比べてはるかに高いことは周知の事実である。そしてそれを防御力（装甲厚）に換算する。そのため、ディーゼル・エンジンを装備した戦車について装甲厚をさらに一〇パーセント増して考えた。この装甲厚がcである。

例えばソ連のT34／85戦車については、最大装甲厚95㎜＝a 有効な避弾経始を持っている。1.1a＝104.5㎜＝b ディーゼル・エンジン装備。1.21a＝115㎜＝c となる。

同時期に出現したティーゲルⅠは最大装甲厚110㎜＝aであり、避弾経始はなく、ディーゼル・エンジンを装備していないので、a＝b＝c＝110㎜となる。

四、戦闘重量：W

公表されている戦闘時の重量であり、単位はトンである。資料によって数値が多少異なっているが、その差は少なく、計算値に大きく影響を与えるようなことはなかった。

五、最大出力：P

エンジンの最大出力を馬力で表示している。この数値のとり方についてもDIN（ドイツ工業規格）、ASME（アメリカ機械学会規格）、JIS（日本工業規格）などの単位で多少の差があるが、いずれにしても大きな相違はない。

六、接地圧力：K

戦闘重量Wをキャタピラの接地面積で割った数値であり、単位はトン／㎡である。したがってキャタピラ一㎡あたりの重量であるから、数値が少ないほど不整地通過能力が高いことを意味する。

また一部の本にはこの接地圧をCGS（センチ・グラム）単位で記しているが、これは実情を全く考えていない。戦車というものの重量から考えても、より大きなMKS単位（できればトン／㎡）を当然使用すべきである。

七、出力重量比：N

エンジンの最大出力を戦闘重量で割ったものであるから、N＝P／Tとなる。別の見方をすれば、戦車の重量一トンを動かすのに何馬力使用できるかということであり、数値の大きい方が有利で、これは直ちに最大速度、加速性能、運動性に結びつくと考える。たとえばイギリスのマチルダMk2は一トンの重量に七・四馬力しか使えないが、T34／76（一九四二年型）は約一八馬力をつぎ込めるのである。

八、全高：h

戦車の全高をhとして単位はmで表わす。これは全長、全幅と比較して被発見率に大きく影響する数値である。もちろん戦車上部の対空機銃、アンテナなどの高さは除き、砲塔上面の高さを使っている。
またこの全高の逆数をとり、それを被発見率とする。

九、最大速度：V

機動性、運動性能計算のパラメーターの一つとして最大戦闘速度（最大速度）を時速（キロ／時）として採用した。この数値も車輌の整備状況により差が出てくると思われるが、その低速のため戦場から引き上げられたマチルダＭｋ２（時速二四キロ）と快速を誇ったクロムウェルＭｋ３（時速五一キロ）とを比較すれば、このデータを取り上げないわけにはいかない。

以上のような要素を戦車の基礎データとして考えてみた。これ以外に計算に組み込みたかった数値は航続距離、乗員数、主砲の砲弾の携行数などがある。

まず航続距離については、機動力の点で考慮している。この問題はエンジンがディーゼルかガソリンかによって二倍近い差が表われるので、そのまま使用するわけにはいかないことがわかる。そのためディーゼル・エンジン付きの戦車の総合的な出力を一〇パーセント増として計算に入れてある。

乗員数の差は、操縦士、車長（砲手）、無線（副武装担当）、装填手の四名搭乗の車輌より、砲手を独立させた五名搭乗のほうが有利となって表われる。しかし、五名搭乗型は、発射速度や命中精度が向上するが、その代償として車体が大型化（被発見率の増大）したり、避弾経始の面で不利になるうえ、砲弾携行量の減少などが欠点として表われるので、差し引き零として考慮しなかった。

また携行弾数も、収容数を増やせば砲塔内が動きにくくなったり、誘爆の可能性が増すという欠点と相殺される。したがって本書では考慮していない。

以上の基礎データは完全ではないが、係数化できるものについてほとんど考慮したつもりである。

ただ、取り上げた項目および筆者なりに考案した数式に、納得できない読者も多いと思われるので、ご批判を待ちたい。またその際できれば、自分ならばこうするというご提案を付加していただければ幸いである。

指数

〝指数〟という言葉には二つの意味がある。その一つは国語辞典によると、〔数学用語〕ある数、または文字の右上に小さく付記して、その乗ずべきを示す数または文字。a^b、10^3と書く。

他の一つは、〔主として経済用語〕物価、賃金などの変動を、一定時を一〇〇として他のものと比較する数字である。

本書で用いているのはもちろん後者で、基準になる戦車の攻撃力、防御力、機動力を一〇〇として他の戦車のそれと比べ易くしている。

計算例を示すと、攻撃力（主砲の威力指数）を例として説明する。

対戦する場所は第二次大戦末期の中国東北部（満州）、対する戦車はT34／76（一九四二年型。実際満州に進攻したソ連戦車はT34／85が主力だが）と日本のホープ七五ミリ砲装備の三式中戦車と仮定してみよう。

まずT34／76（一九四二年型）の主砲は四一・二口径の七六ミリ、三式戦車は三八口径の七五ミリ砲を装備している。したがってT34の主砲の威力は、41.2×76＝3116（無次元量、単位なし）、また三式では38×75＝2850となる。

これにより指数の基準はT34であるので、三一一六という数字を一〇〇とすると、威力指数は（2850/3116）×100となる。これを計算すれば91.46≒91となる。したがって三式中戦車の主砲の威力はT34／76（一九四二年型）戦車のそれと比較して九一パーセント程度の力を持っているわけであり、この二台が同条件で戦車砲を撃ち合えば、多少の不利はまぬがれないといったことがわかる。

指数の基準　T34／76（一九四二年型）

本書において算出された数値の基準になった戦車は、ソ連のT34である。第二次世界大戦において歴史の流れを変えたともいえるT34戦車シリーズであるが、この中からT34／76（一九四二）を指数の基準に選んだのは次の理由による。

まず一九四二年（昭和十七年）は、一九三九年九月のドイツ軍のポーランド侵入（第二次大戦開始）から一九四五年八月の日本降伏（大戦終了）の中間の年にあたる。同時に一九四二年は枢軸側と連合軍の勢力が伯仲して、最終的な勝利がどちらの側にころがりこむか不明な時期でもあった。その意味で、この年に生まれた戦車こそ、第二次大戦の戦車の平均的なものと認められるであろう。

この基準から考えると、指数のもとになる戦車は次の三種類に絞られる。

M4シャーマンA3（アメリカ）

Ⅳ号G型（ドイツ）

T34／76（一九四二年型）（ソ連）

このほかにチャーチルⅤ型（正確にはMk・Ⅳチャーチル、Ⅳ型歩兵戦車）などがあるが、チャーチルはその設計思想があまりに古く、歩兵戦車（Infantry Tank）という発想は極言すれば、第一次大戦時のものである。また車体、砲塔の避弾経始も全く考慮されていない。

主砲基部に空間があり、これも激しい戦車戦を経験しているドイツ、ソ連の戦車には考えられない点である。またサスペンション、転輪もこのチャーチルにしか用いられていなかったもので、その後すぐに捨て去られた。他の戦車も大同小異で、当時の車種で今日のMBT的な性格の車輛は、結局この三車種ということになる。

さてM4シャーマンは、当時としてはかなり進歩した主力戦車であった。その根拠は五万台以上生産されて、世界のほとんどの戦場で使用され、西側連合軍のただひとつのMBTといえる。

しかし、この戦車の価値、実績を十分に評価しながら選択しなかったのは、次の理由による。それは装備されているエンジンがいろいろな意味で弱点となったからである。M4シリーズのエンジンは、M4A2の直列一二気筒ディーゼルを除いてほとんどすべて星型九気筒ガソリン・エンジンである。これは、M3グラント戦車などで使用実績があるとはいえ、本来は航空用のエンジンであった。

星型（ラジアル）であるから、どうしても車体の外部寸法が高くならざるを得ず、このため第二次大戦中のアメリカ戦車は、他国のものに比べて著しく背が高くなり、したがって敵に容易に発見される原因となっている。またこれらのエンジンのもう一つの弱点は、燃料にガソリンを使用していることである。ガソリン・エンジンはディーゼル機関と比較して、エンジンの単位重量あたりの出力は大きい。しかし、燃料消費量が多く、航続距離が短くなってしまう。また前述のようにディーゼルの軽油と比べて発火点が低く、そのため引火性は高くなる。

車内に多くの弾薬類を満載している戦車にとって、火のつきやすい燃料というものは当然マイナスに作用する。これは現代の戦車の九割までがディーゼル・エンジンを使用していることによって証明されている。したがってアフリカ、ヨーロッパ、極東において活躍したシャーマン戦車も基準の対象とはなり得なかった。

次はドイツ陸軍のⅣ号戦車G型であるが、この車体は、基本的にはその前期タイプであるF型と大差はないものの、各部分が長砲身の七五ミリ砲にマッチするように改良されている。Ⅳ号F1型までのドイツ戦車はいずれもT34の敵ではなかったが、F_2（七五L43、KwK40砲装備）となってようやくT34と対等に（攻撃力では、という条件が付加されるが）戦えるようになった。

しかしⅣ号G型も、比較の基準としては種々の理由から不適当と考えた。その理由は、すぐ次のH型に移行して生産台数が少ないこと（約九〇〇台といわれる）である。また装甲は強化されたものの避弾経始もなく、エンジンもガソリン機関である。

その他、信頼性は高いが全体の設計思想が古く、ドイツ軍も自覚していたとおり、〝間に合わせ〟の戦車でしかない。

その点、最後に残ったT34戦車シリーズは前述二種の戦車のもつ短所、弱点は全く有していない。もともとT34は一九四一年六月にドイツ軍が雪崩《なだれ》のごとくソ連国内に侵入したとき、その反撃効果のあったソ連側の唯一の兵器であった。

T34は一九四一年初頭、部隊配属が開始された時点で近代戦車としてのほとんどの条件を持っていた。

大出力のディーゼル・エンジン、避弾経始のよい形状、他の戦車を圧倒する七六ミリ砲、戦後のソ連戦車に受け継がれる大転輪とそのサスペンションなど、どの部分をとっても当時の他の戦車に比べて傑出したものとなっている。

T34は西欧側の分類としては大きく分けて次の五種類がある。

T34／76A　一九四〇年型（三〇・五口径七六・二ミリ砲装備）

T34／76B　一九四一年型（四一・二口径七六・二ミリ砲装備）

T34／76B　一九四二年型（同、砲塔を改良）

T34／76C　一九四三年型（同、各部改良、重量三〇トン）

T34／85　一九四四年型（五四口径八五ミリ砲装備）

この中から前述のとおり一九四二年型のT34／76Bを第1部の指数の基準として選択した。軍事専門家であれば、主砲の射撃統制システムの優劣、無線装置、砲弾の威力、乗員の訓練度なども考慮するべきであろうが、本書では数値として計算できにくいものは、いずれも除いている点をお断わりしておく。

なお参考のためT34／76B一九四二年型のデータを掲げておこう。

乗　員：四名　　主砲：M一九四〇戦車砲
　　　　　　　　四一・二口径七六・二ミリ砲

戦闘重量：二八トン

全　長：五・九メートル　　装甲：

全　幅：三・〇メートル　　砲塔前部九五ミリ、側部四五ミリ

全　高：二・四五メートル　　車体前部四五ミリ、側部四〇ミリ

轍間距離：二・九メートル
接地長：四・五四メートル
接地幅：〇・六一メートル
接地圧：八トン／㎡
エンジン：
W2－34型ディーゼル
水冷式V一二気筒
五五〇馬力／二〇〇〇回転／分
燃料　五五〇リットル
副武装：DT七・六二ミリ機関銃×二梃
携行弾数：七六ミリ七七発
機銃弾二〇〇〇〜三〇〇〇発
最大速度　五三キロ／時
行動距離　四〇〇キロ
登坂能力　七〇パーセント
渡渉能力　一・一メートル

収集したデータについて

本書に使用したデータについては、特殊な資料を参考にしたわけではなく、日本国内で市販されている雑誌ならびに単行本記載のもので十分であった。

戦車についての一〜一〇項目のデータは、前記の雑誌類によってすべて判明した。もっとも調査中に気づいたことであるが、もとになる資料によってデータが大きく異なっている。戦闘重量、主砲の口径、砲身長、エンジンの出力などはいずれも問題なく単一のデータであるが、携行弾数、装甲厚、航続距離などは、種々の数値が発表されていて選択に困るほどであった。これらはいずれも無理のないことで、製造直後、工場から出たばかりの状態ならばいざ知らず、実際の戦闘時にはその時々によって条件が大きく異なるので、数値は自ずから一致しなくなるのであろう。

かなり専門家向けの記事の中にも首をかしげるような数値（間違いという意味ではなく）が書かれている場合もある。その一例をあげよう。

ある戦車の速度について〝最高速度〟とあった場合には、舗装された平坦地で発揮できる最高の速度であるのは誰にでもわかる。しかし不整地走行速度（たとえば二五キロ／時）と記されている場合、不整地とはどのようなコンディションを表わすのか、いつもながら疑問に思う。

北アフリカの砂漠も不整地であるし、ソ連領内の春秋の泥道もまた不整地である。このとき、常に二五キロ／時の速度が保てるとはとても考えられない。

またT34／85の航続距離の表示も資料によって三一五キロから四七五キロ（いずれも増加燃料タンクなし）とあり、その誤差は五〇パーセントを超える。

したがって読者諸兄は数字で示される性能は一つの目安でしかない、という事実を常に頭の中におきながら本書をお読みいただきたい。

ただし、公表されている数値が正しくないという意味では絶対になく、その点については本文を読み進んで行き、個々の戦車の性能を把握して行けば誰にも理解できると思う。そして、どうしても納得できないと思う読者は、計算の基本となる数値と数式を公表しているので、その部分を自分の信ずる値と入れ替えれば、自分なりの計算が可能になる。

また使用した計算式はすべて筆者が考案したものである。もちろんこれがベストだと思っているわけではなく、より詳細なデータをインプットして、また項目を入れ替えることにより、より正確な戦車の性能評価がなされると考えた研究者の意見の発表は大歓迎である。

さて、何分あまりに莫大な計算量のため、いくつかの計算違い（主としてパーソナル・コンピュータへのパンチングミス、数値の読みとりのミス）が必ずあると思う。ご指摘いただければ幸いである。

ともかく、計算量は表の数約三〇枚、各表に一五種の戦車があり（一部重複）、その各々については一六〜一七の項目があって、計算の組み合わせが一三種ある。単純に計算すれば30×15×16×13回の演算を行なっているわけである。そして、このデータを指数に変換する作業が別に必要なのである。

性能指数表の説明

それでは本項の目的である性能指数の説明に移ろう。種々の数式が連続して出てくるが、いずれも難しいものではなく、誰にでも容易に理解できるはずである。

まず戦車の能力は次の三つの要素から成り立っていると仮定する。それらは攻撃力、機動力、防御力である。戦車というものの存在価値はこの三要素によってこそ得られる。もっともこの三つの要素にもある程度の順位がつけられる。一般に〝戦車〟と呼ばれる主力戦車(Main Battle Tank = MBT)では首位が機動力、二位が攻撃力および防御力であろう。

しかし、この順位は国によってまた時代によって変動がみられるので、ここではこれらの三要素をいずれも同等と考えた。しかし、一方で戦車の用途を限定すれば次のように三要素を順位づけして計算することもできる。

●歩兵戦車(例：マチルダ、チャーチル)
1　防御力　2　攻撃力　3　機動力

●巡航戦車(例：クルセーダー、カビネンター)
1　機動力　2　攻撃力　3　防御力

●対戦車自走砲(例：ナルースホーン、マルダー)
1　攻撃力　2　機動力　3　防御力

●駆逐戦車(例：ヤークトパンテル、M36)
1　攻撃力　2　防御力　3　機動力

しかしその場合、必要な基礎データも多少変化すると思われるので、ここではＭＢＴについてのみ、また三要素同等の条件で各国の戦車の戦闘能力を比較してみた。

攻撃力：A

攻撃力は主砲の威力指数と呼ぶこともできる。すなわちその戦車の有する打撃力である。

前述のとおり副武装（ごくわずかな戦車に装備されている副砲、またほぼ全部の戦車が持っている機関銃／機関砲）は計算外である。

この攻撃力Aは、主砲の口径と砲身長の積で表わされる。つまりA＝M×Lである。

この表わし方は理論的に証明できるわけではないが、かなり正確に砲の威力を表現できる。たとえば、戦車ファンのほとんどが、Ⅵ号ティーゲルⅠ型の主砲八八ミリ（五六口径）とⅤ号パンテルの主砲七五ミリ（七〇口径）の威力がほぼ等しいという事実をご存知であろう。

八八ミリ（戦車砲36型）五六口径

最大初速：八一〇メートル／秒、弾丸重量一〇・六キロ

装甲貫通能力：一九五ミリ／五〇〇メートル、一三一ミリ／二〇〇〇メートル

七五ミリ（戦車砲42型）七〇口径

最大初速：一一二〇メートル／秒、弾丸重量四・八キロ

装甲貫通能力：一九三ミリ／五〇〇メートル、一二七ミリ／二〇〇〇メートル

この比較を見れば、戦車砲36は大重量の弾丸を、当時の戦車砲としては一般的な初速で撃ち出し、同42は比較的軽量の弾丸を高い初速で発射して、ほぼ同程度の装甲貫通力を発揮している。

一方、筆者の計算方法では、

36型88（mm）×56（口径）＝4928

42型75（mm）×70（口径）＝5250ということになる。

計算方式として運動エネルギー値＝質量（この場合は弾丸重量）×速度の二乗を採用しなかったのは、弾丸の仕様（APCBC、HEATなど）によって同じ砲でも一〇〜二〇パーセントも初速度が異なるからである。

また弾頭の材質、形状によっても砲弾の威力は大きく変わるから、最も適当な主砲の威力計算式は、A＝MLで表現できる。

〔参考〕運動エネルギーを計算すれば$E = \frac{1}{2} mV^2$の式から次の数値が得られる。

八八ミリ砲は三四八〇t・㎡、七五ミリ砲は三〇一〇t・㎡となる。単に運動エネルギーの値はこのようになるが、実際には種々の事柄を考慮しなければならない。

初速（または砲口速度）が大きいと命中率は飛躍的に増大する。また同じ運動エネルギーを得るには、初速を大きくしたほうが弾丸重量を小さくできる。弾丸の重量が小さければ装塡作業が楽になると同時に、携行弾数が多くなり、また単位時間あたりの発射速度が向上する。

ただしマイナスの面もある。その一つは発射薬の量も多くなり、砲身の寿命を短くすることである。たとえば第二次大戦の後期に出現したセンチュリオンの二〇ポンド砲（八四ミリL70）は、初速一四三三メートル／秒（APDS弾の場合）という高性能の砲であるが、初期生産型の砲身寿命はわずか一七五発であった。もちろん訓練時には装薬量の小さい弱装弾を撃つのだが、それにしても砲身の寿命がいかに短いかわかる。一方ドイツⅣ号戦車の短砲身七五ミリL24砲の寿命は一七五〇発で、センチュリオンの主砲の一〇倍もある。

これらを見て行くと、口径を大きくするか、砲身を長くするかという問題の解答は簡単ではない。

かつて日本陸軍には砲力（ほうりょく）という言葉があった。これは口径×初速度を意味し、砲身長は初速の一次関数としている。筆者も一時、攻撃力指数にこの〃口径×初速〃を取り入れようとも考えたが、

①一部砲の初速のデータが集まらないこと。

②砲弾の種類によって初速が大きく異なること。

③フランスのAMX－30戦車の使用するG弾などの特殊な砲弾については、計算に当てはまらない場合があること。

などの点から口径×砲身長を採択したのである。

二、機動力：B

戦車の機動力は最大速度、不整地通過能力、登坂力、航続距離、渡河水深、加速力などがパラメーターになるであろう。しかしこの中の最も重要な不整地通過能力を数値で記すことはたいへん困難である。雪、泥濘、砂などによって地表の状況は異なるであろうし、そのすべての状況にマッチするキャタピラなど存在しない。これは現在の自動車用タイヤをとっても同様である。また速度を例にとっても、公表された数値にどれほどの信頼性があるのか不

明である。そのため機動力の表示にあたっては、次のような数式を考えた。

機動力B

$$= \frac{\text{最大速度}V \times \text{出力重量}N \times \text{ディーゼル・エンジン係数（1.1）}}{\text{（接地圧}K = \text{戦闘重量／キャタピラ接地面積）}}$$

$$= \frac{V \times N \times \text{（ディーゼル・エンジン1.1）}}{K}$$

つまりこの数式では、最大速度は大きい方が有利、出力重量比も同様であり、小さい方が有利な接地圧を逆数にして乗ずる、という数学的手法を用いる。これに前述のディーゼル・エンジン係数を、防御のためではなく航続距離の補正として掛け合わせている。

これで機動力に関するすべてのデータが計算に組みこまれる。不整地通過能力は出力重量比と接地圧に、平坦地の移動能力、加速性能は最大速度、出力重量比に左右されるからである。これ以外の数式としては、分子に航続距離のパラメーターを加えることであろう。

しかしそうなると、どうしても当該馬力あたりの燃料消費量、燃料搭載量のデータが必要となり、このような簡易計算法のメリットが完全に失われる。したがって前記の式が適当であろうと考えた。

三、防御力：C

防御力は、すでに説明した装甲厚a、b、cがそのまま生かされる。再述するが、分厚い装甲板、有効な避弾経始、発火率の低いディーゼル・エンジンが防御力を高める。実際の戦闘の場合、防御力としての重要な要素である戦車の背の低さはここでは使用せず、あとで述べる防御戦闘指数に組み入れる。したがって、

防御力C＝装甲厚　ただしa.最大装甲厚

b.避弾経始あり

c.ディーゼルエンジン付き

とし、それ以外のパラメーターは考えない。

次に戦車を実際の戦闘に使用した場合の指数を考えよう。データを豊富に用いて戦車の三要素（攻撃力、機動力、防御力）を算出して、それから次の三つの戦闘状況を設定する。

四、攻撃戦闘力指数：α（アルファ）

これは戦車を攻撃に用いた時の指数で、次の式によって計算される。

攻撃戦闘指数α＝攻撃力A×装甲厚b×機動力B

攻撃の場合、防御力の占める比率はそれほど大きくない。たとえばこちらから接近し、発砲するとき、被発見率などはあまり問題にならないからである。攻撃時に必要なものは主砲の威力と、攻撃点に素早く移動するための機動力である。しかし敵の反撃による損傷を考慮して装甲厚bを加えた（装甲厚cでない点に注意）。

五、防御戦闘力指数β（ベータ）

敵の攻撃を予測して身を潜め、じっくりと敵を待つ戦闘に使用する場合が、この数値で示される。この戦闘の好例が一九四三年初夏のクルスクでのソ連戦車部隊であろう。このような戦闘では機動力は全く問題とならない。うまく隠された陣地において、厚い装甲と低いシルエットを頼りに敵を待ち伏せればよいのである。したがって数式は次のように変化する。

$$防御戦闘力指数\beta = \frac{攻撃力A \times 防御力C}{戦車の全高h}$$

（ただし1／h 被発見率）

この場合においては敵に発見されないことがきわめて重要なので、被発見率（全高の値の逆数）は必ず参入されなければならない。

六、総合戦闘力指数γ（ガンマ）

これはその意味のとおりオールラウンドに使用できる能力を表わす。数式は、

総合戦闘力指数γ＝攻撃力A×機動力B×防御力C

で、これについては問題なく決定できる。

γの指数が高い戦車ほど、いわゆるMBTの名にふさわしいものといえるであろう。たとえばJSⅢ、ティーゲルⅡ型戦車などは、その攻撃力がいかに大きくとも、他の装甲車輛と一緒になって前線を縦横に駆けめぐるといった形の戦闘は不可能である。

またM3スチュワート軽戦車では、その速力に頼るとしても敵戦車部隊を攻撃するなど、自殺行為といえる。やはりその国の主力戦車の名を欲しいままにできる戦車こそ、A、B、Cの三要素を兼ね備えていなくてはならない。

七、生産効果比R

最後に残った指数が生産性とその効果を示すものである。これは簡単にいってしまえば、MBTとしてどの戦車を生産するのがその国にとって最も効果的なのか、という疑問に答える数値である。この数式は、

$$\text{生産効果比}R=\frac{\text{総合戦闘力指数}\gamma}{\text{戦闘重量}T}$$

で表わされる。したがってすぐわかるとおり、戦車の生産性を重量をパラメーターとして考えている。一五トンの軽戦車を四台、三〇トンの中戦車を二台、六〇トンの重戦車一台を生産する労力、資材、金額を同一に設定し、その値でγを徐していることにより、かなり正確にどのような戦車を量産すべきかという数値が出てくる。したがって最良の戦車という意味を、生産性まで含めて検討できる。

市販の書籍としてはかなり専門的な「戦車の能力の分析」になってしまったが、読者は数式などあまり気にせず、どの戦車が最も優れた陸戦兵器かという点にのみ注目していただけ

れば幸いである。

なお本書と同様の手法を用いて、筆者は海上の王者たる「戦艦」と、大空の覇者たる「戦闘機」の比較を行なっていることを明らかにしておく。

おわりに

本書『戦車対戦車』は言うまでもなく一般書であるが、戦車の能力を示すために多くの数式、指数を用いたため、専門書、研究書に近い部分も多くなってしまった。

そのためこの稿では、少し趣向を変えて、戦車の魅力を満喫する方法に関し記述したい。

この種の戦闘車両の素晴らしさを強く感じるのには、疾走するＡＦＶをできるだけ近くで見ることとである。もちろん軍事博物館に展示されている鋼鉄の猛獣たちも興味深いのだが、やはり〝生きている戦車〟はこのうえなく強い興奮を見る者に与えてくれる。

我が国において、毎年八月末、富士山麓で開催される総合火力演習がその代表的なイベントだが、海外、特にアメリカ、イギリス、ロシアでは、この総火演と同様の展示会が開かれている。これらは見学者と車輛との距離がはるかに近いこともあって、エンジンの唸り、キャタピラの轟音、焼けるオイルの匂い、そして走行時の地響きを身体で感じることができる。

近年、筆者はロシアのアルビノ演習場において、Ｔ82ＭＢＴ、ＳＯ203自走砲などが参加する演習を見学したが、その迫力はまさに地軸を揺るがすものであった。兵器という必ずしもその存在が容認されているとは言い難いビークル類も、目の前を突進する勇姿を見れば、そのような懸念など吹き飛ばすがごとく魅力的なのである。

本書の読者諸兄も、ぜひ機会を得て、海外におけるＡＦＶの走行イベントを見学するべきと、強調しておきたい。

なかでもイギリスのタンクフェスタ、ロシア・アルビノの実弾演習は必見である。またどちらも日本から団体のツアーがあるが、個人旅行でも特別な許可は必要とせず見ることができる。また撮影にも制限はない。

まさに疾駆する戦車は、他の追随を許さない迫力、魅力の塊である。これこそ、少々大げさにいえば、人生最高の瞬間であるむねを強調しておわりにとしたい。

二〇一九年七月

三野正洋

文庫本　平成七年十二月　朝日ソノラマ刊

NF文庫

戦車対戦車

二〇一九年九月二十日　第一刷発行
著　者　三野正洋
発行者　皆川豪志
発行所　株式会社　潮書房光人新社
〒100-8077　東京都千代田区大手町一-七-二
電話／〇三-六二八一-九八九一代
印刷・製本　凸版印刷株式会社
定価はカバーに表示してあります
乱丁・落丁のものはお取りかえ致します。本文は中性紙を使用

ISBN978-4-7698-3133-4　C0195
http://www.kojinsha.co.jp

NF文庫

刊行のことば

第二次世界大戦の戦火が熄《や》んで五〇年——その間、小社は夥しい数の戦争の記録を渉猟し、発掘し、常に公正なる立場を貫いて書誌とし、大方の絶讃を博して今日に及ぶが、その源は、散華された世代への熱き思い入れであり、同時に、その記録を誌して平和の礎とし、後世に伝えんとするにある。

小社の出版物は、戦記、伝記、文学、エッセイ、写真集、その他、すでに一、〇〇〇点を越え、加えて戦後五〇年になんなんとするを契機として、「光人社NF（ノンフィクション）文庫」を創刊して、読者諸賢の熱烈要望におこたえする次第である。人生のバイブルとして、心弱きときの活性の糧《かて》として、散華の世代からの感動の肉声に、あなたもぜひ、耳を傾けて下さい。